FORST erklärt

WARUM WIR DEN WALD BRAUCHEN – UND ER UNS

VOM PFLANZEN-BESTIMMEN BIS WALDBADEN – NATUR VERSTEHEN UND ERLEBEN

EMF

EIN BUCH DER
EDITION MICHAEL FISCHER

INHALT

VORWORT

Hast du Lust, mit uns auf einen Waldspaziergang zu gehen? Wandere mit uns durch das Reich der Bäume – wo der Wind durch die Blätter pfeift, Tannenzapfen unter deinen Füßen knirschen und der Ruf des Kuckucks die Stille des Waldes durchbricht. Der Wald – Erholungs- und Ruheort, Lebens- aber vor allem auch Wirtschaftsraum. Wald kann so viel sein! Wir wollen dir all seine Facetten zeigen und dich mit auf eine Entdeckungsreise nehmen. Dabei findest du Antworten auf all deine Fragen über den Wald und seine Bewohner. Aber keine Sorge, du wirst jetzt nicht mit Fachwissen überschwemmt. Wir haben da einen anderen Ansatz: Wir wollen unsere Begeisterung für den Wald mit dir teilen! Und dafür bringen wir dir den Wald nach Hause und hier beginnt auch deine Reise: Denn du hältst den Wald schon in deinen Händen. Dieses Buch war mal ein Baum – komische Vorstellung, oder? Er macht es möglich, dass wir uns hier begegnen. Im Laufe des Buches wirst du die zahlreichen Waldbewohner kennenlernen und all die Zusammenhänge verstehen. Du wirst sehen, was der Wald alles kann und für uns tut, aber auch, welche Verantwortung wir im Gegenzug tragen.

Wenn wir uns das so klar vor Augen führen, empfinden wir eine große Wertschätzung für den Wald. Diese Wertschätzung ist es, was uns antreibt, und weshalb wir dieses Buch geschrieben haben. Dieses Buch ist also für den Wald, aber es ist auch für dich. In einer schnelllebigen Zeit, in der man alles Wissen in der Hosentasche hat, aber es immer schwieriger wird, zu unterscheiden, was wirklich stimmt, wollen wir dich mit Fakten stützen. Der Klimawandel ist da, er ist ernst zu nehmen und verändert unseren Lebensraum. Wir müssen uns den Herausforderungen stellen.

Das Buch ist so geschrieben, dass du an jeder Stelle einsteigen kannst und direkt mitten im Wald stehst. Du kannst es von vorne bis hinten in einem Rutsch verschlingen oder dir nur die Kapitel vornehmen, die dich gerade ansprechen. Die Texte haben den Anspruch, für alle zu sein. Sie sind ein Ergebnis aus jahrelanger Arbeit einer Redaktion, die (größtenteils) aus jungen und sehr motivierten Forstleuten besteht, die im Wald ein zweites Zuhause gefunden haben: Lea Merschformann, Franziska Richter, Gesa Modler, Tobias Bindick, Simon Delkeskamp, Felix Sahlmann, Jan Hüsing, Liz Havermeier, Zoe Dorschel und Aaron Muschick.

Bis bald im Wald!

WARUM WIR DEN WALD BRAUCHEN UND ER UNS

Wie sehr der Wald uns Menschen beeinflusst, sieht man schon in frühen Kinderzeichnungen. Die Sonne gehört oben rechts in die Ecke und der wolkenförmige Laubbaum mitten aufs Blatt. Im Winter ist der Baum vielleicht auch dreieckig und voller roter Kugeln. Wir sind neugierig auf den Wald, wollen mehr über ihn wissen.
Was ist das für eine Baumart, die diese lustigen propellerförmigen Dinger produziert, die man sich auf die Nase kleben kann? Wie kann ein kleiner Käfer ganze Waldflächen plattmachen? Kann man sich einfach einen Wald pflanzen und dann hat man den halt?

WER SCHREIBT HIER?

Um Antworten auf diese und noch viele weitere Fragen zu geben, wurde *Forst erklärt* gegründet. Denn das ist nicht nur der Name dieses Buches, sondern auch eines Projektes, das sich zum Ziel gesetzt hat, den Menschen Wald und Forst zu erklären. Und das fand ursprünglich vor allem im Internet und auf Social Media statt.
Doch um tiefer ins Thema Wald einzusteigen, braucht es mehr als ein paar hundert Zeichen eines Social-Media-Posts. Und dabei haben wir schon wirklich viele Social-Media-Posts zum Wald und zum Klimawandel verfasst, um die Menschen da abzuholen, wo die meisten uns zuhören: im Internet. Neben dem Wald ist das Internet unser Zuhause. Auf allen Kanälen schreiben, quatschen, zeigen und erklären wir, was der Wald alles kann. Der Wald begeistert uns, und diese Leidenschaft wollen wir weitergeben.
Mit diesem Buch möchten wir über den digitalen Tellerrand hinausblicken, und dir ein Nachschlagewerk zur Hand geben, das in deinem eigenen Informationstempo läuft.

Angefangen hat es mit drei jungen Studenten, die in Großstädten aufgewachsen sind und sich trotzdem oder vielleicht gerade deswegen für das Studium der Forstwirtschaft entschieden haben. Felix stammt aus Essen, Jan aus Münster und Simon aus

Das aktive Team von Forst erklärt: Lea Merschformann, Liz Havermeier, Jan Hüsing und Felix Sahlmann.

Hamburg. Für alle drei war der Wald schon in der Kindheit ein Zufluchtsort und der größte und beste Spielplatz. Aus der Stadt herauskommen war damit immer ein aufregendes Abenteuer, auf das sie hingefiebert haben. Nur logisch, dass sie sich später ein Studium ausgesucht haben, das ihnen dieses Abenteuer regelmäßig garantiert. Mit Beginn ihres Studiums wurden sie für ihre Familien und im Freundeskreis zu so etwas wie Botschaftern des Waldes, die nun für einfache wie auch komplexe Fragen gewappnet sind. So merkten Felix, Jan und Simon, wie groß die Neugier auf den Wald war und wie wenig manche darüber wussten. Ihnen wurde klar, dass die Schaffung eines Bewusstseins für den Wald und eine Sensibilisierung für unsere Umwelt für ein funktionierendes Ökosystem immens wichtig sind. Der Forst wollte erklärt werden.

Aus einer einfachen Idee ist schnell mehr geworden. Mittlerweile sind Jan und Felix zwar das Gesicht von *Forst erklärt*, dahinter steht aber ein ganzes Team, das filmt und schneidet, Ideen sammelt und ausarbeitet, fotografiert, aufzeichnet und schreibt. Die meisten haben Forstwirtschaft im Bachelor studiert, und einige haben noch einen Master in Forstwissenschaften angehängt. Die Expertise kommt also direkt aus dem Hörsaal. Felix und Jan leiten *Forst erklärt* und teilen ihre Zeit zwischen dem Wald und dem Schreibtisch auf. Damit sind sie einen anderen Weg gegangen, als sie noch zu Beginn ihres Studiums erwartet haben, aber sie konnten ihren Kindheitstraum auf völlig unerwartete Art erfüllen. Simon fügt dem noch Praxiswissen hinzu, denn er leitet seit ein paar Jahren als Förster sein eigenes Revier. Dort ist er regelmäßig mit seiner Hündin Maira unterwegs und filmt und berichtet, was in der Natur gerade passiert, aber auch, welche Arbeiten aktuell im Wald anfallen. Lea hingegen ist die einzige im Team ohne forstlichen Hintergrund. Als Sozialwissenschaftlerin ist sie trotzdem unsere Redaktionsleitung, die an vielen Punkten das Wissen bündelt und filtert. Expertise ist wichtig, aber nur, wenn sie auch verständlich, interessant und bestenfalls begeisternd vermittelt werden kann. Genau deshalb ist Lea auch für die Texte hier im Buch verantwortlich.

Jetzt machen wir Medienproduktion und Öffentlichkeitsarbeit für den Wald und arbeiten dafür mit Landesforstbetrieben, Unis, Forschungsanstalten und vielen anderen Institutionen der Forstwirtschaft und -wissenschaft zusammen. Ein Kernstück dieser Arbeit ist unsere Redaktion. Wir veröffentlichen regelmäßig Artikel auf unserer Website www.forsterklaert.de, in denen unsere Autor*innen ganz unterschiedliche Waldthemen erklären. Die Vielfalt der Natur und des Waldes spiegelt sich in der großen Bandbreite unserer Artikel wider. Irgendwann ist uns aufgefallen, wie viel Wissen wir über die Jahre erarbeitet und zusammengefasst haben. Ein richtiger Schatz. Wir haben so viele Artikel geschrieben, dass wir damit ein Buch füllen könnten. Von dieser Idee waren wir ganz begeistert.

Also machen wir genau das. Wir haben unsere Artikel durchgeschaut und die Rosinen rausgepickt, wir haben sie überarbeitet und ergänzt, wir haben unsere schönsten Fotos rausgesucht und neue geknipst und geschrieben, geschrieben, geschrieben. Es ist von vorn bis hinten voll mit Infos zum Wald, aber nicht in so einer langweiligen Fachsprache geschrieben, die niemand versteht. Leg das Buch auf deinen Couchtisch und guck gerne rein, wenn dir eine Frage unter den Nägeln brennt oder dich die Begeisterung für den Wald packt. Du musst es nicht von vorne bis hinten durchlesen, sondern kannst nach Lust und Laune blättern und entdecken.

WORUM GEHT ES IN DIESEM BUCH?

Dieses Buch beginnt mit der Frage, was Wald eigentlich ist. Es geht um den Wirtschaftsraum, der gleichzeitig Erholungsort ist und nebenbei essenziell für das Leben auf unserem Planeten. Es geht aber auch um andere Aspekte, wie die Jagd, wie man mit Holz Geld verdient und ob das alles so gut fürs Klima ist. Wir erklären, warum nichts tun oft keine Option ist, wenn der Wald allein nicht mehr gegen den Klimawandel ankommt. Mit Steckbriefen werden die wichtigsten Tier- und Pflanzenarten in unseren Wäldern vorgestellt. Schon bald wirst du Fichten und Tannen voneinander unterscheiden und Tiere aufzählen können, denen man beim Waldspaziergang am ehesten begegnet. Und du erhältst Tipps, wie nachhaltiges Walderleben für Erwachsene und Kinder noch mehr Spaß machen kann. Mit diesem Buch schauen wir auch gemeinsam in die Zukunft und fragen uns, wohin sich der Wald entwickeln könnte. Obwohl es beim Thema Wald vor allem um das Analoge geht, hält auch hier die Digitalisierung und der technischen Fortschritt Einzug.

Nach all den einleitenden Worten hätte das Buch auch einfach nur „Waldführer" heißen können. Es soll aber mehr sein. Auch wenn wir es im Alltag oft nicht merken, sind wir wahnsinnig abhängig vom Wald. Er erfüllt unzählige Funktionen. Kurz gesagt, wir wollen uns anschauen, wieso wir den Wald brauchen.

Für Felix und Ardelle ist der Wald Erholungsraum und Arbeitsplatz zugleich.

Denn gerade weil wir den Wald brauchen, müssen wir mehr über ihn wissen. Zentral für dieses Buch ist der Leitspruch „Man schützt nur, was man kennt". Wir wollen dich daher für den Wald begeistern und gleichzeitig für seine Fragilität und seinen Schutz sensibilisieren.
Durch die Klimakrise und andere Einflüsse des Menschen sind unsere Wälder bedroht. Die vor Jahrzehnten geschaffenen Monokulturen leiden extrem unter der Trockenheit und steigender Hitze. Jetzt heißt es, den Wald umzubauen. Das braucht viel Zeit und ist wahrscheinlich langsamer, als sich der Klimawandel entwickeln und auswirken wird. Dazu im Laufe des Buches aber mehr.

Vielleicht fällt dir schon nach dieser kurzen Einleitung auf, dass manche Dinge im Wald widersprüchlich erscheinen. Wir müssen den Wald schützen, und gleichzeitig werden Bäume gefällt. Wir brauchen Holz als nachwachsenden Rohstoff, aber fahren mit großen Maschinen durch den Wald, um das Holz aus dem Wald zu bekommen. Auch diese Themen wollen wir in unserem Buch erklären. Denn eine zentrale Funktion des Waldes ist eben, dass er uns als Gesellschaft mit Holz versorgt. Zum Glück gibt es aber mittlerweile einige gute Konzepte, wie wir diese Widersprüche miteinander in Einklang bringen können. Doch auch dazu später mehr ...

Wieso wir den Wald brauchen, sollte spätestens am Ende des Buches klar werden – aber wieso braucht der Wald uns? Der Wald wächst auch ohne uns. Dafür braucht es keinen Förster, keine Försterin, auch keinen Forstwirt und keine Forstwirtin. Viele sehnen sich nach unberührter Natur. Alte, ursprüngliche Wälder mit knorrigen Bäumen und reichlich Totholz. Für all das braucht der Wald uns vermutlich nicht. Der Wald war vor uns da, und wenn wir ihn nicht vollständig zerstören, überlebt er uns auch. Aber wenn wir Menschen etwas richtig gut können, dann ist es, uns einzumischen. So haben wir den Wald schon immer besucht, genutzt und beeinflusst. Kein Wunder, dass sich so viele Mythen um den Wald und einzelne Bäume ranken.

Deshalb leben wir in einer Kulturlandschaft, in der fast nichts mehr vom Menschen unberührt ist. In Deutschland gibt es vermutlich schon seit Jahrhunderten keinen richtigen Urwald mehr. Allein im letzten Jahrhundert wurde der Wald so stark von Menschen geprägt und beeinflusst, dass es ihm jetzt vielerorts schlecht geht. Viele Bäume wurden gefällt, und bei der Neubepflanzung stand schnelles Wachstum und damit die wirtschaftliche Leistung, nicht der Naturschutz, im Fokus. In der Nachkriegszeit hatte unsere Gesellschaft schlichtweg noch andere Prioritäten. Doch im Wald ticken die Uhren ein bisschen anders. Die Entscheidungen der letzten Jahrzehnte haben Auswirkungen auf unsere Wälder heute: Die in Reihen gepflanzten Monokulturen aus Fichten und Kiefern zeigen mit dem sich wandelnden Klima immer größere Probleme. Wie anfangs angeklungen, braucht der Wald viel zu lange, um sich diesen rasant laufenden Entwicklungen anzupassen. Wir müssen dem Wald also nun etwas unter die Arme oder eher unter die Äste greifen, damit er überhaupt noch da sein wird – für sich selbst, aber auch für uns. Den Wald umzubauen, sodass er zukunftsfähig wird, ist also eine der größten Aufgaben, vor der nicht nur wir Forstleute stehen, sondern wir gemeinsam, als Gesellschaft. Wie wir all das anpacken und welche Wunder der Wald für uns bereithält, das liest du auf den folgenden Seiten. Das Studium, die Arbeit bei *Forst erklärt* und an diesem Buch haben unsere Leidenschaft für den Wald nur immer weiter verstärkt, und uns für vieles die Augen geöffnet, was wir bis dahin nicht verstanden haben. Während wir früher mit Fragezeichen in den Augen im Wald standen, oder auf die Berichte zum Klimawandel schauten, haben wir heute Antworten. Wir hoffen, dieses Buch schafft das Gleiche für dich.

WAS IST WALD? – EIN ÜBERBLICK

WANN IST EIN WALD EIN WALD? *Reicht es, wenn drei Bäume nebeneinanderstehen? Oder gibt es da einen anderen Grenzwert? Vielleicht geht es aber gar nicht um die Anzahl der Bäume, sondern darum, ob dort Holz geerntet wird. Aber was ist dann mit Naturschutzgebieten? Sind es Richtlinien, Verordnungen oder Gesetze, die bestimmen, ab wann eine Fläche als Wald gilt? Und wie viele solcher Flächen haben wir in Deutschland?*

Bevor wir tiefer einsteigen und uns fragen, wie man einen Wald bewirtschaftet, oder was genau Naturschutzgebiete sind, möchten wir uns erst mal mit dem Wald an sich beschäftigen. Wem gehört der Wald und was macht den Wald zu einem so wertvollen Ökosystem?

UNSER WALD IN ZAHLEN

In keinem anderen Land der Europäischen Union steht so viel Holz wie bei uns in Deutschland. Nach einer Schätzung der Bundeswaldinventur 2022 umfasst der deutsche Wald über 100,4 Milliarden Bäume, verteilt auf 72 verschiedene Baumarten.

Die Waldfläche in Deutschland beläuft sich auf insgesamt 11,5 Millionen Hektar (ha = Flächengröße 100 x 100 m) und der Holzvorrat, also die Menge an Holz insgesamt, beträgt momentan 3,7 Milliarden Kubikmeter (m^3). Das ist jetzt erst mal sehr abstrakt. Anschaulicher wird es, wenn wir uns vorstellen, dass das knapp ein Drittel der Gesamtfläche Deutschlands ausmacht! Das größte zusammenhängende Waldgebiet Deutschlands ist der Pfälzerwald in Rheinland-Pfalz, aber die Bundesländer mit der meisten Waldfläche sind Bayern (vor allem der Bayerische Wald), Baden-Württemberg mit dem Schwarzwald und Niedersachsen mit dem Harz. Dabei ist der Großteil der Wälder in Besitz von Privatleuten.

Der deutsche Wald setzte sich im Jahr 2022 zu 56 % aus Nadelbäumen und 44 % aus Laubbäumen zusammen. Egal ob Nadel- oder Laubbaum: Laut der vierten Bundeswaldinventur ist ein Baum im deutschen Wald im Durchschnitt 82 Jahre alt. Ist das nicht erstaunlich?

WUSSTEST DU SCHON …?

DIE BUNDESWALDINVENTUR

*Alle zehn Jahre findet die sogenannte Bundeswaldinventur (kurz BWI) statt. Dabei durchkämmen Expert*innen stichprobenartig die Wälder in Deutschland und sammeln extrem viele Informationen. Neben spannenden Fragen über den Zustand des Waldes oder die Artenvielfalt der Bäume, wird auch überprüft, wem der Wald überhaupt gehört.*
*2022, da war die letzte BWI, kam raus, dass es in Deutschland insgesamt 11.419.124 Hektar Wald gibt. Das sind 16 Millionen Fußballfelder (oder etwas weniger als die zwei größten Bundesländer Bayern und Niedersachsen zusammen). Damit ist ein Drittel unseres Landes mit dem Ökosystem Wald bewachsen. Waldbesitzer*innen unterteilen sich hier in drei Kategorien: Das sind neben den privaten Waldbesitzer*innen und Körperschaften, auch die öffentliche Hand, also die Länder oder der Bund.*

Noch besteht der deutsche Wald mehr aus Nadel- als aus Laubbäumen.

Die Hauptbaumarten sind die Kiefer mit 22 %, dicht gefolgt von der Fichte mit 21 %, der Buche mit 17 % sowie der Eiche mit 12 %. Anders als noch vor zehn Jahren hat die Bundeswaldinventur gezeigt, dass die Fichte, welche damals wegen ihres schnellen Wachstums und der guten Verwendbarkeit in der Bau- und Möbelbranche besonders viel angepflanzt wurde, nicht mehr die häufigste Baumart im deutschen Wald ist.

Die restlichen 28 % verteilen sich auf weitere 47 Arten, wie Douglasie, Ahorn, Lärche, Erle, Esche und viele weitere. Seit 2012 steigt der Anteil der Laubbäume, sodass Laub- und Nadelbäume nun etwa zu gleichen Teilen in unseren Wäldern stehen.

Dazu passend steigt auch der allgemeine Anteil von Mischwäldern. Das sind Wälder, in denen mehrere Baumarten zusammen vorkommen, die unterschiedlich alt und hoch sind.

WUSSTEST DU SCHON ...?

Der älteste Baum in Deutschland ist 1.200 Jahre alt. Die knochige Sommerlinde wurde auf den Namen Methusalinde getauft und steht in der hessischen Gemeinde Schenklengsfeld.

Auch der älteste Baum wird einmal sterben. Die Überreste eines solchen Baumes, auch Totholz genannt, sind gerade für Kleinstlebewesen und die Biodiversität im Wald sehr wertvoll.

Durch eine moderne Bewirtschaftung der Wälder und das Absterben vieler Bäume in Zeiten des Klimawandels nimmt der Anteil an Totholz in deutschen Wäldern in den letzten 20 Jahren deutlich zu. Die Gesamtmenge nennt man dann Totholzvorrat.

Der Totholzvorrat nimmt in deutschen Wäldern zu und die kleinsten Lebewesen freuen sich.

EUROPÄISCHER WALD IM VERGLEICH

Obwohl Deutschland den größten Holzvorrat in der EU besitzt, gibt es andere Nachbarländer, die deutlich größere Wälder und viel mehr Waldfläche als wir hierzulande haben. Die flächenanteilsmäßig waldreichsten Länder in der EU sind Finnland mit mehr als 66 %, Schweden mit 62 % und Slowenien mit 58 % Waldfläche.

Insgesamt ist die EU zu einem Drittel bewaldet, womit Deutschland mit 32 % trotz des enormen Holzvorrats sogar unter dem Durchschnitt der EU liegt. Einen besonders kleinen Waldanteil in der EU haben beispielsweise die Niederlande oder Irland, die beide nur zu circa 10 % bewaldet sind.

*Der schwedische Wald ist auch bei Tourist*innen ein beliebtes Reiseziel.*

WUSSTEST DU SCHON …?

Das waldreichste Land der Welt ist Russland mit mehr als 815 Millionen Hektar Waldfläche. Und weltweit ist ungefähr ein Drittel der Landfläche unserer Erde bewaldet.

WIRTSCHAFTSRAUM WALD

Rund 1,1 Millionen Menschen in Deutschland arbeiten direkt oder indirekt im Holz- oder Forstsektor, womit der Wald und die weitere Verarbeitung von Holz hierzulande mehr Menschen beschäftigt als die deutsche Automobilindustrie (dort arbeiten knapp 700.000 Menschen).

Etwa die Hälfte des Waldes in Deutschland befindet sich in Privatbesitz. Die andere Hälfte der Waldfläche teilt sich auf in Staatswald (ca. 32 %) und Wald von Körperschaften des öffentlichen Rechts, wie Kirchen oder Gemeinden (ca. 20 %).

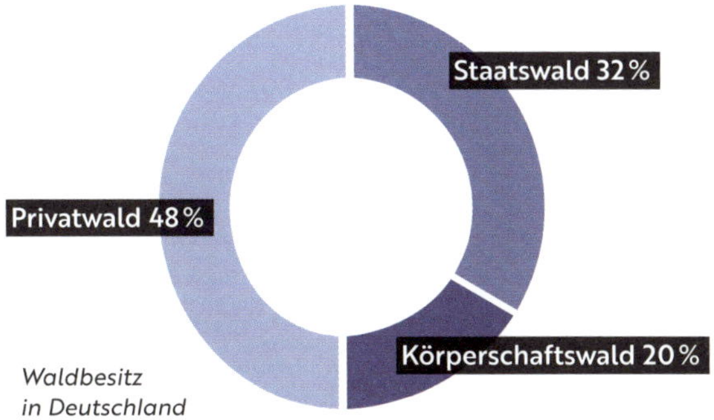

Waldbesitz in Deutschland

Holz ist ein wichtiger Rohstoff für viele Industrien

WALDBESITZ IN DEUTSCHLAND

Insgesamt macht die deutsche Forstwirtschaft nur einen geringen Anteil am deutschen Bruttoinlandsprodukt aus. Rechnet man allerdings die Beschäftigten der holzverarbeitenden Industrie dazu, welche das Holz aus dem Wald weiterverarbeiten, so beträgt die Wirtschaftsleistung des deutschen Waldes mitsamt der Wertschöpfungskette rund 57 Milliarden Euro.

In Deutschland wird der Wald überwiegend nachhaltig bewirtschaftet. Ein großer Teil des Waldes ist außerdem unter Schutz gestellt und bei jeglicher Bewirtschaftung werden die Auswirkungen auf das Ökosystem beachtet. Viele Leistungen des Waldes lassen sich aber nur schwer in einer bestimmten Geldmenge ausdrücken. Neben der Holzproduktion und wirtschaftlichen Nutzung des Waldes erfüllt dieser viele weitere Funktionen.

DER KLIMAWANDEL KLOPFT AN

Die Folgen des Klimawandels haben den Wald stark getroffen. Stürme, Dürren, Brände und Käferbefall führten dazu, dass in den letzten Jahren deutschlandweit eine Waldfläche von mehr als 500.000 Hektar geschädigt wurde und nun riesige Flächen wiederbewaldet werden müssen.

WUSSTEST DU SCHON …?

500.000 Hektar Wald entsprechen ungefähr der gesamten Fläche von Zypern oder etwa 700.000 Fußballfeldern.

Besonders die Folgen der Dürren von 2018 bis 2021 waren dabei ausschlaggebend und neben den Hauptbaumarten, wie Kiefer, Buche und Eiche, hat vor allem die Fichte stark gelitten. Nach der letzten Bundeswaldinventur hat die Fichte demnach in den letzten zehn Jahren 17 % ihrer Fläche im Wald verloren. Der Rückgang der Fichte ist vor allem auf Stürme, Trockenheit, den anschließenden Befall durch den Borkenkäfer und somit auf die Folgen des Klimawandels zurückzuführen.
Die Forstwirtschaft hat trotz enormer Bemühungen die riesigen zerstörten Waldflächen bislang noch nicht wieder vollständig aufforsten können. Diese Mammutaufgabe erfordert Zeit.

Zusätzlich arbeitet die Forstwirtschaft auf Hochtouren daran, den Wald so weiterzuentwickeln, dass dieser an die klimatischen Bedingungen der Zukunft angepasst ist.
Gerade auch für diese Aufgabe sind die vielen Messungen, Schätzungen und die Erfassung von Daten durch die Bundeswaldinventur so wichtig. Wir brauchen diese Informationen, um zu erahnen, wie unsere Bäume und das komplexe Ökosystem Wald auf den Klimawandel reagieren werden. Nur so können Forstwirtschaft und auch wir als Gesellschaft den Wald bewahren.

Viele Wälder sehen in Deutschland leider so aus. Ohne Bäume.

WEM GEHÖRT DER WALD?

Der Stadtwald Göttingen ist ein wichtiger Erholungsraum für alle, die dort leben.

In Deutschland gilt das freie Betretungsrecht der Wälder, sodass man nahezu überall einfach spazieren gehen kann. Dabei stellt man sich aber vielleicht trotzdem die Frage, über wessen Land man da gerade läuft. Die Frage, wem der Wald gehört, ist vermutlich so alt wie der Wald selbst.

In mittelalterlichen Zeiten waren die Wälder in königlichem Besitz. Kein anderer Mensch durfte den Wald betreten. Glücklicherweise liegen diese Zeiten hinter uns.
Heute sieht das alles etwas anders aus. Im Grunde kann nämlich jede*r Wald besitzen. Dennoch ist ein großer Teil des Waldes in Besitz von ein paar großen Institutionen. Warum das gar keine schlechte Sache ist und wer das ist, versuchen wir nun zu erklären.

PRIVATWALD

Fast die Hälfte des Besitzes ist Privatwald. Damit werden alle Menschen zusammengefasst, die als Privatperson oder Firma Wald besitzen. Das sind Industrielle, Landwirt*innen oder alte Adelsgeschlechter – oft aber auch einfach Menschen, die den Wald aus wirtschaftlichen Interessen oder Naturschutzgründen gekauft haben.

LANDESFORSTEN

Fast jedes Bundesland hat einen Forstbetrieb, der den eigenen Wald bewirtschaftet. In NRW heißt der zum Beispiel „Wald und Holz NRW", in Niedersachsen ganz einfach „Niedersächsische Landesforsten". Das Besondere dabei ist, dass bei der Bewirtschaftung der Staatswälder verstärkt auf die Interessen der Bevölkerung geachtet wird. Die Erholungs- und Schutzfunktion für Bürger*innen steht dabei im Vordergrund.

Land	*Forstbetrieb*
Baden-Württemberg	*Forst BW*
Bayern	*Bayerische Staatsforsten*
Berlin	*Berliner Forsten*
Brandenburg	*Landesbetrieb Forst Brandenburg*
Hamburg	*Zentraler Forstdienst Hamburg*
Hessen	*Hessenforst*
Mecklenburg-Vorpommern	*Landesforst Mecklenburg-Vorpommern*
Niedersachsen	*Niedersächsische Landesforsten*
Nordrhein-Westfalen	*Wald und Holz NRW*
Rheinland-Pfalz	*Landesforsten Rheinland-Pfalz*
Saarland	*SaarForst*
Sachsen	*Staatsbetrieb Sachsenforst*
Sachsen-Anhalt	*Landesforstbetrieb Sachsen-Anhalt*
Schleswig-Holstein	*Schleswig-Holsteinische Landesforsten*
Thüringen	*ThüringenForst*

DER BUND

Die Bundesrepublik Deutschland betreibt einen eigenen Forstbetrieb, den Bundesforst. Der Großteil des Waldes ist Truppenübungsplatz. Hier geht es vor allem um den Naturschutz und die Gestaltung der Flächen, damit die Bundeswehr dort in unterschiedlichen Szenarien üben kann.

KÖRPERSCHAFTSWALD

Doch nicht nur die Bundesrepublik und einzelne Länder besitzen Wald. Oft gibt es auch Wälder, die im Besitz von Städten, Kommunen oder Kirchengemeinden sind. Das sind oftmals Stadtwälder, wobei nicht jeder Stadtwald automatisch der Stadt gehört.

ZUTRITT ZUM WALD

Darf man Wald betreten? Das Waldgesetz gibt Antworten. In § 14 Abs. 1 BWaldG steht:

„Das Betreten des Waldes zum Zwecke der Erholung ist gestattet. Das Radfahren, das Fahren mit Krankenfahrstühlen und das Reiten im Walde ist nur auf Straßen und Wegen gestattet. Die Benutzung geschieht auf eigene Gefahr. (...)".

Das gilt aber nur, solange man den Wald nicht für andere Zwecke nutzt – etwa um Pilze zu sammeln, um sie zu verkaufen, oder Brennholz zu machen – und wenn keine anderen Gründe gegen ein Betreten sprechen. Das können die Kernzonen von Nationalparks oder Naturschutzgebieten sein, die möglichst ohne menschlichen Einfluss bleiben sollen. Oder wenn Wälder nach einem Sturm oder bei der Holzernte gesperrt werden. Dann ist das Betreten zu gefährlich. Wenn du also auf entsprechende Schilder stößt, unbedingt daran halten! Andernfalls kann es zu lebensgefährlichen Situationen kommen.

Das Bundeswaldgesetz erlaubt es Simon, mit seiner Hündin durch den Wald zu streifen.

Die meiste Zeit des Jahres darf man Wälder jedoch frei betreten und kann dabei bewundern, wie sich die Bäume über die Jahreszeiten verändern. Unsichtbar bleibt uns Spaziergänger*innen dabei, wie viele Aufgaben der Wald über das ganze Jahr hinweg übernimmt.

WAS DER WALD ALLES KANN

Seit der aufkommenden Klimakrise steht der Wald immer häufiger im medialen Rampenlicht. Doch der Wald ist schon seit Jahrhunderten ein Alleskönner. Denn er übernimmt ganz unterschiedliche Aufgaben. Er bietet unzähligen Tier- und Pflanzenarten einen Lebensraum, dient dem Menschen zur Erholung und stellt gleichzeitig den wichtigen, nachwachsenden Rohstoff Holz bereit. Förster*innen unterteilen die Funktionen des Waldes daher grundsätzlich in drei Gruppen: die Nutz-, Schutz- und Erholungsfunktion.

Die Kiefer ist wirtschaftlich attraktiv: Sie wächst schnell und kann früh geerntet werden.

NUTZFUNKTION

Unter Nutzfunktion versteht man die wirtschaftliche Bedeutung des Waldes. Folgende Wirtschaftsgüter oder -werte können gewonnen werden:

Rohstoff Holz: Durch ressourcenschonende Forstwirtschaft wird in unseren Wäldern der umweltfreundliche Rohstoff und Energieträger Holz gewonnen.

Saatgut: Für die Vermehrung von Bäumen sammelt man das Saatgut von gut gewachsenen Bäumen und verkauft dieses an andere Waldbesitzer*innen oder nutzt es selbst, um die nächste Waldgeneration zu pflanzen.

Wildbret: Die Jagd ermöglicht uns die Gewinnung des hochwertigen Lebensmittels Wildfleisch.

Arbeitsplatz: In Deutschland verdienen etwa 1,1 Millionen Beschäftigte ihr Einkommen durch Tätigkeiten, die direkt oder indirekt mit dem Wald zu tun haben.

Der Wald schützt uns davor, dass dieser kleine Fluss bei Hochwasser im nächsten Dorf Schaden anrichtet.

SCHUTZFUNKTION

Der Wald ist nicht nur Lebensraum, sondern schützt auch den Menschen vor Umwelteinflüssen und Katastrophen:

Natur- und Artenschutz: Wälder sind Lebensraum für unzählige Tier- und Pflanzenarten.

Biotopschutz: Wälder beheimaten selten gewordene Biotope, wie zum Beispiel Moore.

Klimaschutz: Gesunde Wälder sind Kohlenstoffsenken. Das bedeutet, dass Bäume für ihr Wachstum das Treibhausgas Kohlenstoffdioxid aus der Luft aufnehmen, und den Kohlenstoff dann im Holz speichern. Ein weiterer Effekt ist die Filterung und Reinigung der Luft. Eine erhöhte Konzentration an Kohlenstoffdioxid in der Luft führt zur Erwärmung der Athmosphäre und beschleunigt so den Klimawandel.

Temperaturausgleich: Wälder senken die Lufttemperatur. Es können dabei Temperaturunterschiede von bis zu 4 °C im Vergleich zur umliegenden Landschaft entstehen.

Wasserschutz: Über den Boden wird in Wäldern das Regenwasser gefiltert und gereinigt, wodurch sauberes Grundwasser entsteht.

Bodenschutz: Wälder schützen vor Erosion, also dem Abrutschen von Hängen oder Erdmassen.

Lawinenschutz: In Gebirgen schützen Wälder vor Lawinen oder Steinschlag.

ERHOLUNGSFUNKTION

Vor ein paar Jahren noch ein unbekannter Begriff, heutzutage in aller Munde: das „Waldbaden". Beim Waldbaden geht es darum, bewusst und achtsam in den Wald einzutauchen, um sowohl den Körper als auch den Geist zu entspannen. Wälder dienen uns Menschen auch als Ausgleich und Erholungsort vom Alltag. Studien haben gezeigt, dass infolge der Corona-Pandemie stadtnahe Wälder mehr besucht wurden und sich auch die Dauer des Besuchs verlängerte. Aktivitäten, die unter die Erholungsfunktion fallen, sind zum Beispiel Spazierengehen, Wandern, Joggen, Radfahren, Reiten, Mountainbiking, Geocaching oder Klettern.

WUSSTEST DU SCHON ...?

Bäume stoßen Terpene und andere Botenstoffe aus. Wenn wir Wald sehen, riechen oder anders wahrnehmen, dann sinkt nachweislich unser Blutdruck, unser Puls und auch die Stresshormone in unserem Körper.

Über das Bäumeumarmen werden gerne Witze gemacht; die Erholung durch einen Waldaufenthalt ist allerdings wissenschaftlich bewiesen.

MULTIFUNKTIONALITÄT VON WÄLDERN

Wälder haben noch weitere Funktionen, ein wichtiges Beispiel ist die Bildung. Denn Natur und Wald sind immer häufiger Lernort für Jung und Alt. Der Aspekt der Umweltbildung treibt uns von *Forst erklärt* auch an, dieses Projekt zu betreiben und über den Wald und die Forstwirtschaft aufzuklären.

Man sieht, der Wald übernimmt eine Vielzahl von Aufgaben und Funktionen. Hierbei spricht man von der Multifunktionalität des Waldes und damit verbunden auch von der multifunktionalen Forstwirtschaft. Denn die Schwierigkeit liegt darin, den verschiedenen Interessengruppen und deren individuellen Ansprüchen gerecht zu werden und diese zu erhalten und zu fördern. Dies ist nicht nur Aufgabe von Förster*innen und Forstbetrieben, sondern auch von Politik und Gesellschaft.

Als wir dieses Buch schrieben, wurde in Gesellschaft und Politik über eine mögliche Honorierung von Waldbesitzenden für eben diese Leistungen diskutiert. Damit könnte ein Anreiz geschaffen werden, die Leistungen zu erhalten, zu verbessern und der Gesellschaft zur Verfügung zu stellen. Die Ansprüche an den Wald sind vielfältig.

DAS GLEICHGEWICHT IM WALD

Der Schmetterlingseffekt (englisch: butterfly effect) beschreibt die Unvorhersehbarkeit von langfristigen Auswirkungen, wenn kleinste Veränderungen im System vorgenommen werden. Ein amerikanischer Wissenschaftler stellte sich in den 70er-Jahren die Frage, ob ein Flügelschlag eines Schmetterlings in Brasilien einen Tornado in Texas auslösen könnte. Da lassen sich doch einige Parallelen zum Ökosystem Wald entdecken.
Der Wald befindet sich in einem sensiblen Gleichgewicht, bei dem eine kleine Veränderung Auswirkungen auf die ganze Tier- und Pflanzenwelt haben kann. Was ist denn nun ein Wald und was umfasst dieses Ökosystem? Ein kleiner Spoiler vorab: Nicht jede Baumansammlung ist gleich Wald.

Ist das noch Wald, wenn so viele Bäume abgestorben und abtransportiert sind?

WAS IST WALD?

Das Bundeswaldgesetz definiert ihn als „jede mit Forstpflanzen bestockte Grundfläche". Dazu zählen aber auch kahlgeschlagene Flächen, die zum Beispiel nach einem Borkenkäferbefall entstehen, obwohl dort kein einziger Baum mehr steht. Außerdem gehören Waldwege, Waldwiesen oder Holzlagerplätze ebenfalls dazu.

Ein Wald besteht aus sehr unterschiedlichen Flächen. Und auch in seiner Höhenstruktur ist er sehr vielfältig. Man kann den Wald in einzelne Schichten einteilen, in denen ganz verschiedene Verhältnisse herrschen. Das kann man sich wie die Stockwerke eines Hauses vorstellen.

DER WALD ALS HOCHHAUS

Wenn man sich den Wald als Haus vorstellt, dann ist der Boden der Keller mit Vorratskammer. Hier bedienen sich die Pflanzen an Wasser und lebensnotwendigen Nährstoffen, an die sie mithilfe ihrer Wurzeln gelangen. In einer Handvoll Waldboden leben mehr Kleinstlebewesen, als es Menschen auf der Erde gibt. Sie erfüllen den wichtigen Zweck, Laubstreu zu zersetzen und Nährstoffe verfügbar zu machen. Doch sie haben noch viele andere wichtige Aufgaben. Regenwürmer durchlüften beispielsweise den Boden, wodurch er mehr Wasser speichern kann.

Die Moos- und Krautschicht bildet das Erdgeschoss des Waldes. Sie beginnt oberirdisch direkt am Boden und endet bei einer Höhe von 0,5 bis 1 Meter, je nachdem welcher Definition man folgt. Neben den Moosen und Pilzen finden sich hier

Die Krautschicht, hier in zarter Blütengestalt.

In der Baumschicht finden wir im Idealfall hohe Bäume mit ausgeprägten Kronen.

besonders viele krautige Pflanzen wie die Frühblüher. Sie sind die Nahrungsgrundlage für verschiedene Insekten und der Lebensraum von Kleinsäugern wie Mäusen und Igeln.

Eine Etage höher befindet sich die Strauchschicht. Diese Bezeichnung ist etwas irreführend, denn neben den namensgebenden Sträuchern, wie Haselnuss und Schwarzdorn, zählen hier auch junge Bäume dazu. Denn die Strauchschicht richtet sich nach der Wuchshöhe und erstreckt sich ab der Krautschicht bis zu etwa 5 Meter über dem Boden. In dieser Etage fühlen sich vor allem Vögel wohl, die hier ihre Nester bauen. Die Strauchschicht zeigt sich an den Waldrändern oft besonders artenreich und ausgeprägt.

Und zu guter Letzt befindet sich im Dachgeschoss die Baumschicht. Hier wachsen große Bäume mit einer ausgeprägten Krone. Sie bestimmen, welche Pflanzen und Tiere unter ihnen überleben können. Denn ein ganz entscheidender Faktor für das Überleben ist das Licht. Deshalb ist die Artenvielfalt in einem abgedunkelten Buchenwald oft niedriger als in einem hellen Eichenmischwald.

WUSSTEST DU SCHON ...?

Wälder weisen die höchste an Land befindliche Artenvielfalt auf. In unseren Buchenwäldern leben beispielsweise über 4.000 Pflanzen- und etwa 6.000 Tierarten! Noch artenreicher sind allerdings Wälder mit Eichen, Weiden und Pappeln.

JEDER WALD IST ANDERS

Der Wald kann viele Gesichter haben. Ist es noch ein sehr junger Wald im Entwicklungsstadium, wo noch viel Licht auf den Waldboden trifft, wachsen

So kann eine Strauchschicht aussehen.

häufig viel mehr krautige Pflanzen als in einem Wald in der sogenannten Optimalphase.

In dieser Wachstumsphase sind die Bäume bereits ausgewachsen, aber noch nicht so alt, dass sie absterben. In solchen Wäldern ist es oft sehr dunkel. Andere gängige Einteilungen sind zum Beispiel die Baumartenzusammensetzung oder die Vegetationszonen. Im Regenwald leben natürlich ganz andere Tier- und Pflanzenarten als im borealen Nadelwald.

WUSSTEST DU SCHON ...?

Als borealen Nadelwald bezeichnet man Wälder auf der Nordhalbkugel der Erde, die sich über Nordamerika und Skandinavien bis nach Sibirien erstrecken. Dort ist es tendenziell kälter und es fällt viel Schnee, weshalb sich dort vor allem Nadelbäume wohlfühlen.

ALLES HÄNGT ZUSAMMEN

Diese Erkenntnis hatte bereits Alexander von Humboldt, Wissenschaftler im 18. und 19. Jahrhundert. Und er hatte recht. Alle Organismen im Wald leben in einer Lebensgemeinschaft, der sogenannten Biozönose. Sie stehen alle in Beziehung zueinander und bilden Nahrungsketten und Nahrungsnetze.
Die Organismen kann man in drei Kategorien einteilen. Da sind zum einen die Produzenten. Die Produzenten sind Pflanzen, die organisches Material erzeugen und für andere Organismen verfügbar machen. Diese Organismen sind die Konsumenten. Sie verbrauchen das produzierte organische Material, indem sie es fressen. Die pflanzenfressenden

Mäuse fressen Pflanzenteile wie Knospen und Samen; sie werden wiederum von größeren Tieren wie dem Fuchs gefressen.

Tiere sind wiederum Nahrungsgrundlage für Fleischfresser. Jede übergeordnete Ebene ist abhängig von der darunterliegenden. Das heißt, wenn es wegen großer Trockenheit zu wenig Blühpflanzen gibt, von denen sich die Insekten ernähren können, dann leiden wieder insektenfressende Vögel darunter.
Die dritte Kategorie bilden die Destruenten. Zu ihnen zählen beispielsweise Bakterien und Pilze, die totes organisches Material in so kleine Teile zersetzen, dass sie für Pflanzen verfügbar sind. Somit sind wir wieder am Anfang angelangt und der Kreislauf geht von vorne los.

WAS PASSIERT, WENN DER MENSCH EINGREIFT?

Jedes Ökosystem unterliegt einem ständigen Wandel. Das ist ganz normal und lässt sich gar nicht vermeiden. Dennoch haben wir Menschen einen großen Einfluss auf die Ökosysteme und wollen sie oftmals zu unserem Vorteil „optimieren". Dass wir die Folgen solcher Eingriffe meistens nicht vollends einschätzen können, gestehen wir

Schwere Maschinen verdichten durch ihr hohes Gewicht den Waldboden. Pflanzen können dann schlechter wachsen.

uns nur selten ein. Bodenverdichtung, Baumartenzusammensetzung, Ausrottung von Tierarten, Ausbau von Infrastruktur und der Klimawandel sind nur wenige Beispiele dafür, wie sich die Natur und das Klima durch menschliches Zutun verändert.

Tatsache ist, dass es kein natürliches Ökosystem auf der Erde gibt, welches nicht menschlich beeinflusst ist. Selbst in Nationalparks, wo wir der Natur ihren Lauf lassen, wird der Lebensraum der Tierwelt durch Tourist*innen eingeschränkt und die Luft durch eine naheliegende Stadt versauert.

WUSSTEST DU SCHON ...?

Innerhalb des Waldes befinden sich noch weitere kleine Ökosysteme. Diese bilden zum Beispiel Bäume, die aufgrund ihrer Struktur oder ihres Alters ein ökologischer Hotspot sind, die sogenannten Habitatbäume.

BÄUME SIND NICHT GERNE ALLEIN

Wie beschreibt man einen Wald? Schnell fallen Begriffe wie still, dunkel oder schön. Wer sich ein bisschen auskennt, würde noch Laub-, Nadel- oder Mischwälder in den Ring werfen. Einige erkennen sogar die Hauptbaumart, also zum Beispiel Buchen- oder Kiefernwald. Wer berufsmäßig mit dem Wald zu tun hat, geht hier noch mehr in die Tiefe. Wälder lassen sich noch viel genauer über sogenannte Waldgesellschaften bestimmen. Hier fließen Informationen über Standortbedingungen mit ein.

WALDGESELLSCHAFT

Bäume haben bestimmte Vorlieben bei der Wahl ihres Standorts. Manch ein Baum mag lieber kalkreichen Boden und andere bevorzugen Standorte im Tal. Dabei geht es um einzelne Baumarten. Doch Bäume sind im Wald nie allein. Neben verschiedenen Baumarten gibt es natürlich auch noch unterschiedliche Krautgewächse, Moose und Farne. Gemeinsam bilden sie eine sogenannte Waldgesellschaft.

MENSCHLICHER EINFLUSS

Natürliche Waldgesellschaften bilden sich über Jahrtausende. Seitdem Menschen damit begonnen haben, großflächig Wälder abzuholzen, Flüsse umzulenken und Bäume an einem anderen Ort zu pflanzen, verschwinden die natürlichen Waldgesellschaften zunehmend. Wenn ein Wald unter Prozessschutz gestellt wird, kann er nach vielen Jahrhunderten jedoch seine ursprünglichen Strukturen zurückgewinnen. Prozessschutz bedeutet, dass auf der Waldfläche jegliches menschliche Eingreifen eingestellt wird, sodass der Wald sich wieder frei entwickeln kann. Die Hoffnung dahinter ist, dass eine Art „Urwald von morgen" entstehen könnte. Heute handelt es sich bei einer Waldgesellschaft eher um eine theoretische Beschreibung einer Kombination von Pflanzen, die ohne menschlichen Einfluss auf einem bestimmten Standort wachsen würde und an der wir uns orientieren, wenn wir Wälder gestalten. Waldgesellschaften sind also eine Art Soll-Zustand.

WUSSTEST DU SCHON …?

Die „potenziell natürliche Vegetation" (kurz: pnV) ist ein häufiger Begriff in der Forstwelt. Damit gemeint ist ein fiktiver Zustand, der ohne menschlichen Einfluss vorhanden wäre. Man betrachtet das Pflanzenwachstum lediglich unter den Faktoren Boden und Klima. In Deutschland besteht die pnV zum Großteil aus Buchenwäldern, die unter unseren Umweltbedingungen am konkurrenzstärksten sind.

WALDGESELLSCHAFTEN – WELCHE GIBT ES?

Welche Pflanzen an einem Standort wachsen, ist von Standortfaktoren abhängig. Die wichtigsten sind Wasserhaushalt und Nährstoffangebot. Anhand dieser Faktoren haben schlaue Wissenschaftler*innen für jede Kombination eine Waldgesellschaft definiert, die sich aus dort typischen Pflanzen zusammensetzt. Eine Waldgesellschaft bekommt meist den Namen einer Baumart und einer Krautart, zum Beispiel ein Waldmeister-Buchenwald. Dieser würde auf Böden mit guter Nährstoff- und Wasserversorgung wachsen. Sobald das Nährstoffangebot sinkt, entwickelt sich die Waldgesellschaft zu einem Hainsimsen-Buchenwald. Der anspruchsvolle Waldmeister könnte dort dann nicht mehr wachsen.

Alle Pflanzen haben Standorte, auf denen sie gut wachsen. Diese Fichten waren hier offensichtlich fehl am Platz.

DIE REALE VEGETATION

Natürliche Waldgesellschaften sind nur eine theoretische Kombination von Pflanzen. In der Wirklichkeit sehen Wälder meist ganz anders aus. Oft ist nur ein Teil der Pflanzen vorhanden, oder auch gar keine. Das kann verschiedene Ursachen haben. Meistens hat es etwas mit uns Menschen zu tun. Es könnte also sein, dass sich in einem Waldmeister-Buchenwald überhaupt keine Rotbuchen befinden, wenn die Waldbesitzenden dort Fichten gepflanzt haben.

WUSSTEST DU SCHON ...?

Die Standortkartierung bildet die Grundlage, um Waldgesellschaften definieren zu können. Sie liefert Daten über Nährstoffe im Boden, Temperatur, Wasserverfügbarkeit und viele andere Umweltbedingungen.

Man könnte sich die Frage stellen, wofür die Einteilung von Waldgesellschaften überhaupt gut ist. Im Naturschutz werden sie gerne als Referenz herangezogen, um einen Weg zurück zu einer natürlicheren Entwicklung zu finden. Für Förster*innen wiederum ist es auch interessant zu wissen, welcher Wald natürlicherweise in dem Revier wachsen würde. Denn die natürliche Waldgesellschaft ist am besten an diesen Standort angepasst. Mit diesem Wissen können Förster*innen sich bewusst dazu entscheiden, eine natürliche Entwicklung zu fördern oder davon abzuweichen. Das kann einerseits ökonomische Gründe haben. Aber auch die Standortveränderungen in den kommenden Jahrzehnten, durch den Klimawandel verursacht, spielen eine Rolle bei der Entscheidung.

Waldmeister wächst sehr oft unter Buchen.

FAQ

AB WANN IST EIN WALD EIN WALD?

Wann eine Fläche als Wald gilt, entscheidet nicht die Anzahl der Bäume. Gesetzlich ist geregelt, dass die Fläche eine gewisse Größe haben muss, mit bestimmten (Forst-)Pflanzen bewachsen sein, und ein sogenanntes Waldklima herrschen muss. Im Wald ist die Luft oft etwas kühler und feuchter als in der Umgebung. Gleichzeitig ist auch eine Fläche, die abgeholzt wurde, zum Beispiel wegen des Borkenkäfers, immer noch ein Wald. Wege und Lichtungen gehören auch dazu. Ehemalige Wälder dürfen selbst als baumlose Fläche nicht einfach umgewidmet werden.

WIE VIEL WALD GIBT ES?

In ganz Deutschland haben wir 11,5 Millionen Hektar Wald, das entspricht 32%, also etwa einem Drittel des ganzen Landes. In den Bundesländern verteilt es sich so (Quelle: BWI 22):

Bundesland	Waldanteil	Waldfläche
Bayern	37%	2.616.869 ha
Berlin	20%	17.588 ha
Brandenburg	38%	1.127.980 ha
Bremen und Hamburg	11%	13.054 ha
Hessen	43%	898.180 ha
Mecklenburg-Vorpommern	25%	582.361 ha
Niedersachsen	25%	1.208.506 ha
Nordrhein-Westfalen	28%	952.519 ha
Rheinland-Pfalz	43%	853.758 ha
Saarland	38%	98.799 ha
Sachsen	29%	531.219 ha
Sachsen-Anhalt	25%	520.874 ha
Schleswig-Holstein	12%	182.457 ha
Thüringen	34%	555.819 ha

WAS SIND DIE WICHTIGSTEN BAUMARTEN IN DEUTSCHLAND?

Die häufigsten Baumarten in Deutschland sind Kiefer (22%), Fichte (21%), Eiche (12%) und Buche (17%). Die Zahlen stammen auch aus der Bundeswaldinventur 2022.

WER MACHT WAS?

FÖRSTER*INNEN

Sie leiten ein Revier und übernehmen Organisation und Verantwortung. Sie planen die Holzernten und Jagden, suchen Holzkäufer*innen und sorgen für den Waldschutz und die Waldpflege. Gleichzeitig sind sie Ansprechpartner*innen für alle im Forst arbeitenden Leute und für die Bevölkerung. Kommunikationsfähigkeit ist also gefragt. Es gibt aber auch noch Aufgaben, für die sie ganz klischeehaft durch den Wald streifen: das Markieren von zu fällenden Bäumen oder das Vermessen von Holz.

FORSTWIRT*INNEN

Sie übernehmen einen großen Teil der praktischen Aufgaben im Wald wie das Pflanzen und Ernten von Bäumen. Dazu kommen Aufgaben, die die Sicherheit auf Waldwegen gewährleisten sollen und Pflegearbeiten, wie das Umzäunen von Waldstücken, auf denen Jungpflanzen heranwachsen.

JÄGER*INNEN

Das sind Forstleute oder interessierte Privatpersonen. Voraussetzung ist ein gültiger Jagdschein, der zum Besitz einer Jagdwaffe berechtigt. Die Jagd wird immer von Förster*innen, Waldbesitzer*innen oder Jagdpächter*innen organisiert. Dabei kann die Jagd ganz unterschiedlich aussehen. Man kann allein auf einem Hochsitz sitzen oder in einer großen Gruppe auf Drückjagd gehen.

RANGER*INNEN

Sie arbeiten vor allem in Natur- und Nationalparks, aber auch für einige Forstämter. Ihre Aufgabe ist das „Übersetzen" zwischen Forst und Bevölkerung, sie bieten Umweltbildung an. Schulklassen oder Erwachsene können an den Führungen teilnehmen. Leider sind die wenigsten auf Pferden unterwegs, aber vielleicht haben sie trotzdem coole Hüte auf.

NATURSCHÜTZER*INNEN

Das sind oft ehrenamtliche Personen, die Natur, Umwelt und Wald schützen und Aufklärungsarbeit leisten.

BESITZER*INNEN

Sie besitzen den Wald. Das können reale Menschen, Institutionen, oder der Staat selbst sein.

BESUCHER*INNEN

Sie wollen sich im Wald erholen, etwas über die Umwelt lernen oder Sport treiben. Obwohl jede*r Besucher*in unterschiedliche Ansprüche hat, dürfen sie alle durch das geltende Betretungsrecht in den Wald. Es gilt, die Balance zu halten zwischen den Anforderungen des Waldes und denen der Menschen.

MASCHINENFAHRER*INNEN

Sie fahren die Harvester, Skidder, Rückezüge oder Holz-Lkws, die für die Holzernte und den Abtransport eingesetzt werden. In der Regel sind das Forstwirte oder Forstwirtinnen, die eine Fortbildung gemacht haben.

WALDPÄDAGOG*INNEN

Sie machen den Wald erleb- und begreifbar für Jung und Alt. Sie vermitteln Wissen über den Wald, indem sie dazu anleiten, ihn selbst kennenzulernen.

EXKURS:

Als Frau in einem typischen Männerberuf

„Muss man im Stehen pinkeln, um im Wald arbeiten zu können?"

Schwierige Frage. Nicht weil die Antwort kompliziert ist. Ganz klar: Waldarbeiten werden klassisch als „Männeraufgabe" angesehen. Man denkt an den Förster und den Forstwirt, nicht an die Försterin oder die Forstwirtin. Aber natürlich arbeiten auch Frauen im Wald.

Nur wird es den Frauen nicht immer leicht gemacht. Die Einstiegsfrage ist nicht ausgedacht, sondern ist eins der vielen stereotypischen Vorurteile, mit welchen sich Frauen immer noch konfrontiert sehen. Leider stecken wir da teilweise noch in sehr konservativen Rollenbildern fest.

Und das zeigt sich auch bei der Sicherheitskleidung: Frauen werden hier systematisch benachteiligt, da die Arbeitskleidung größtenteils für Männer designt wird. Und eine etwas kleinere, leichtere Motorsäge, für kleinere Personen als den 1,80-Meter-Standard-Mann, gehört eben nicht zum eigentlichen Standard. Diese Dinge sind daher nicht Teil der Grundausstattung, die von Betrieben zur Verfügung gestellt werden, oftmals müssen sie privat angeschafft werden, wobei zudem meist höhere Preise anfallen. Viel öfter müssen Frauen sich mit einer Ausstattung zurechtfinden, die nicht nur unbequem sitzt, sondern sie in ihrer Arbeit behindert. All das sind völlig unnötige Hürden und Einstellungen, die schon längst der Vergangenheit angehören sollten. Denn Frauen gehören in den Wald und sind genauso gut für den Job geeignet. Warum, erklärt Ulrike Riedl. Sie ist seit fast 30 Jahren beruflich im Wald unterwegs und Mitglied bei „Frauen im Forstbereich e.V.".

Auch Forst-erklärt-Mitarbeiterin Liz hat sich wegen der Vielfältigkeit für das Forststudium entschieden. Dass sie danach oft eine Kamera in der Hand halten würde, hat sie aber vor dem Studium nicht geahnt.

WALDARBEIT IST AUCH FRAUENSACHE

Von Ulrike Riedl, Frauen im Forstbereich e.V.

„Wow, du bist Försterin? Das ist ja toll!" – Ja, das stimmt wirklich. Försterin zu sein ist ein spannender Beruf, der alles andere als langweilig ist. Aber was genau muss eine Försterin eigentlich mitbringen? Klar, Liebe zum Wald und ein echtes Interesse an den Zusammenhängen. Der Wald ist ein komplexes Ökosystem, das mit seinen Pflanzen, Tieren und dem Boden eine faszinierende Welt darstellt, die es zu verstehen und zu schützen gilt.

Was den Beruf so besonders macht, ist die Kombination aus Praxis und Theorie. Das Hochschulstudium lehrt die Wissenschaft hinter dem Wald – von Biologie über Bodenkunde bis hin zur Forstwirtschaft. Förster*innen setzen das Theoriewissen dann draußen im Revier oder am Schreibtisch in die Praxis um. Es ist ein Beruf, der den Kopf und die Hände fordert. Und vor allem: Verantwortungsbewusstsein voraussetzt. Denn als Försterin muss man eine Balance zwischen den vielen gesellschaftlichen Ansprüchen finden, die an den Wald gestellt werden.

Besser begreiflich wird es, wenn wir einen Blick auf das Fahrliniensystem für große Maschinen werfen und uns anschauen, wofür es entwickelt wurde. Die Fahrlinien sind Waldwege, auf welchen schwere Fahrzeuge fahren dürfen. Halten wir uns daran, schützen wir 90 % des übrigen Waldbodens vor Schäden durch Bodendruck. In der Fahrerkabine zu arbeiten ist auch wesentlich sicherer, als mit der Motorsäge unter einem Baum zu stehen, von dem Äste herabfallen könnten. Und dann sind da noch die Tiere: die Fledermaus, die eine Höhle in einer alten Buche braucht, und die Schmetterlinge, die auf blühende Wegränder angewiesen sind. Andererseits muss auch Holz für die Gesellschaft bereitstehen – ob für Möbel, Papier oder als Rohstoff für die Industrie. Diese vielfältigen Interessen müssen abgewogen und immer wieder neu ausbalanciert werden.

Der Forstberuf ist unglaublich vielseitig. Kein Tag gleicht dem anderen, jede neue Herausforderung bringt etwas Überraschendes mit sich. Kommunikation spielt dabei eine Schlüsselrolle: Klarheit ist wichtig, damit alle Beteiligten wissen, was zu tun ist. Aber genauso wichtig ist Empathie, um die Perspektiven anderer zu verstehen und gemeinsam gute Lösungen zu finden.

Trotz all dieser tollen Aspekte ist der Forstberuf nach wie vor ein männlich geprägter Beruf. Warum eigentlich? Ein Grund sind konservative Vorstellungen und tief verwurzelte gesellschaftliche Rollenbilder: Noch immer denken viele, wenn auch unbewusst, dass der Mann die Familie ernähren muss und die Frau die Haus- und Care-Arbeit übernimmt. Nicht selten verbinden wir mit dem Berufsbild einen Mann mit Flinte und Dackel. Aus diesen traditionellen Rollenbildern auszubrechen und neue Wege zu gehen, kostet viel Selbstbewusstsein. Doch zum Glück hat sich doch auch etwas geändert: Früher war es nämlich sogar so, dass ein absolvierter Militärdienst Voraussetzung für die Ausbildung als Förster*in war – ein K.O.-Kriterium für Frauen, weil sie nicht zum Militärdienst zugelassen waren.

Und obwohl viele Stellenausschreibungen betonen, dass Bewerberinnen bei gleicher Qualifikation bevorzugt werden, sieht die Realität anders aus. Der Frauenanteil in den Landesforstverwaltungen in Deutschland liegt bei durchschnittlich nur 13 %. Interessanterweise ist dieser Anteil in den ostdeutschen Bundesländern höher als im Westen. Tatsache ist, dass sich die über 30 % weiblicher Studierender im Forststudium nicht annähernd in den Bewerbungsverfahren widerspiegeln. Werden sie schon im Studium entmutigt? Liegt es an der Verbreitung stereotyper Vorstellungen? Im Forstbetrieb sind nach wie vor Eigenschaften wie Dominanz, Stärke und Ehrgeiz gefragt. Und leider werden diese Charaktereigenschaften eher Männern als Frauen zugeschrieben. Weiblich konnotierte Eigenschaften, wie Empathie oder Einfühlungsvermögen, werden per se in keinen Stellenausschreibungen aufgeführt, obwohl diese für die Ausübung des Forstberufes immens wichtig sind.

Es braucht Vorbilder, die Mut machen und Zuversicht verbreiten. Vereine wie „Frauen im Forstbereich" setzen sich genau dafür ein.

Wie können wir mehr Gleichberechtigung schaffen? Sicher ist: Sichtbarkeit hilft. In den letzten Jahren wurde mehr über Försterinnen berichtet – was gut ist. Allerdings wird noch oft über ihr Äußeres oder ihr Geschlecht geschrieben („die blonde Försterin"), statt über ihre fachliche Arbeit zu sprechen. Würde man so über einen männlichen Förster schreiben? Wohl nicht.

Es ist kein Geheimnis mehr, dass gemischte Teams die besten Ergebnisse liefern. Kurzum: Frauen gehören in Waldberufe. Förster*in zu sein bedeutet, die Natur zu lieben, zu schützen und mitzugestalten. “

KENNST DU SCHON …?

Ulrike Riedl hat 1988 ihre Försterinnenlaufbahn in Oberschwaben begonnen. Nach zwei Revierstellen hat sie nachwuchsbedingt eine mehrjährige Pause eingelegt, um danach in die verschiedensten forstlichen Aufgabenbereiche zurückzukehren: von Holzverkauf, forsttechnischer Betriebsleitung und Ausbildung bis hin zu Öffentlichkeitsarbeit und Waldnaturschutz. Diese Vielseitigkeit schätzt sie generell an der Forstbranche – besonders zeigt sich das bei ihrer aktuellen Stelle im Büro des Kreisforstamts Rhein-Neckar-Kreis. Von Anfang an ist sie Mitglied im Forstfrauenverein und Ansprechpartnerin für das Land Baden-Württemberg.

WALD VERSTEHEN

WAS DER WALD ALLES LEISTET, *ist so vielfältig, dass wir ihn gerne als Alleskönner bezeichnen. Mal ganz abgesehen von seinen Leistungen für unsere Umwelt und unser Klima, profitieren auch wir Menschen unglaublich stark von ihm. Dank ihm können wir die Häuser bauen, in denen wir leben, und sie im Zweifelsfall auch noch beheizen. Der Wald kann uns ernähren, indem wir dort jagen oder Pflanzen und Pilze sammeln. Wir können dort entspannen und uns erholen. Von Wirtschaftsraum bis Naherholungsgebiet – komm mit, wir zeigen dir den Wald!*

DEM WALD AUF DEN GRUND GEHEN

Die Beziehung des Menschen zum Wald war immer schon komplex. Nicht selten war der Wald für uns Retter in der Not und hat uns Nahrung und Unterkunft – oder die Materialien dafür – zur Verfügung gestellt. Waldnutzung ist hier also genauso Tradition wie Brot backen oder Bier brauen.

Während wir schon als Kinder spielerisch aus heruntergefallenen Ästen ein Häuschen bauen, bedeutet der Rohstoff Holz für die allermeisten von uns tatsächlich ein Dach überm Kopf. Man muss sich nur einmal im Raum umschauen, um zu erkennen, wie allgegenwärtig Holz ist. Es fängt schon mit dem Buch in deinen Händen an: Gäbe es keine Holzernte, gäbe es kein Papier, gäbe es kein Buch. Gleichzeitig finden wir im Wald natürlich mehr als nur Holz, denn der Wald kann für unser leibliches Wohl sorgen. Heutzutage treiben wir nicht mehr unbedingt unsere Schweine in die Wälder, damit sie dort Nahrung in Form von Eicheln und ähnlichem finden und so auch im Winter Futter haben. Aber sowohl Fleischesser*innen als auch Vegetarier*innen finden dort echte Delikatessen. Wer liebt die Pilzsaison nicht, wenn endlich wieder Pfifferlinge auf den Speisekarten der Restaurants stehen und auf dem Markt die große Pilztüte beschrien wird? Mit der richtigen Ausbildung und im Falle der Jagd mit den entsprechenden Scheinen und Berechtigungen, können wir alle im Wald kulinarische Highlights entdecken. Doch damit ist immer noch nicht genug. Seitdem immer mehr Menschen in Städten wohnen, die Häuser immer höher gebaut werden und oft der Blick ins Grüne dem Blick auf die Hausfassade gegenüber weicht, bekommt eine Waldfunktion eine immer größere Priorität: die Erholung. Die Tafeln in Schulen und Universitäten sind nicht einfach so grün, die Farbe beruhigt uns. Das gilt auch für die Geräusche (oder auch fehlenden Geräusche) und die Gerüche des Waldes. Das Thema Naherholung sollte mittlerweile bei jeder Stadtplanung mitgedacht werden und Stadtwälder und mit Bäumen gesäumte Parkanlagen einschließen.

All diese Funktionen gilt es allerdings auch zu erhalten und da sind wir unser eigener größter Feind. Der Klimawandel ist schon da und zeigt, was für einschneidende Konsequenzen er hat und haben wird. In diesem Kapitel geht es um die Funktionen des Waldes und darum, wie wir sie zukünftig erhalten können.

Große Maschinen sind ein wichtiges Thema im Wald – und in unseren YouTube-Videos sehr beliebt.

WAHRES MULTITALENT HOLZ

Die Holzernte ist der essenzielle Bestandteil unserer Forstwirtschaft. Wir brauchen Holz. Wir bauen damit Häuser und Möbel, drucken darauf Bücher, und auch im Badezimmer spielt Holz eine nicht unerhebliche Rolle. Darüber hinaus ist es als nachwachsender Rohstoff vielen anderen Materialien vorzuziehen. Gerade bei langer Nutzung gewinnt Holz aus der Klimaschutz-Perspektive.

Für den Menschen ist es also sinnvoll, Bäume zu fällen. Das kann allerdings auch für den Wald selbst gelten: um die Balance in unseren Wäldern zu erhalten oder wiederherzustellen. In unseren Wäldern ist die Buche unter den Laubbaumarten am stärksten vertreten. Im Wald herrscht unter den Pflanzen ein stetiger Konkurrenzkampf um Licht, Wasser und Nährstoffe. Von diesen Faktoren ist jede Pflanze abhängig, um zu überleben. In Buchenwäldern finden sich selten andere Baumarten. Das liegt daran, dass die Buche viele andere Bäume verdrängt. Im Schatten von dichten Buchenkronen haben es manche Baumarten schwer zu überleben. Die Buche wächst unter dem Schatten anderer Bäume zielstrebig empor, und kann aufgrund ihrer stattlichen Höhe andere, auch ältere Bäume überwachsen. Die im Schatten stehenden Bäume sterben aufgrund der mangelnden Lichtversorgung ab.

Dadurch fehlt wiederum Lebensraum für andere Lebewesen. Insekten, Pilze, Vögel und andere tierische und pflanzliche Organismen können speziell auf eine Baumart als Lebensgrundlage angewiesen sein. Die Eiche ist beispielsweise die artenreichste Baumart in unserer heimischen Flora. Sie beheimatet viele Insekten- und Pilzarten. An Eichen alleine wurden über 500 holzbesiedelnde Käfer nachgewiesen! Damit leistet sie einen unverzichtbaren Beitrag zur Biodiversität.

Gerade bei dem Beispiel der Eiche ist es daher erforderlich, gegen die Dominanz der Buche vorzugehen. Durch das Fällen von manchen Bäumen können also andere Baumarten gefördert werden. So wird in einigen Fällen die Artenvielfalt durch die Entnahme, also das Fällen, von Bäumen erhöht. Klingt komisch, ist aber so!

Eiche und Buche stehen in Wachstumskonkurrenz.

MIT GROẞEN UND KLEINEN MASCHINEN DURCH DEN WALD

Es gibt eine ganze Reihe verschiedener Arten, wie man Bäume fällen und damit Holz ernten kann. Welches Verfahren bei der Holzernte durchgeführt wird, hängt von unterschiedlichen Faktoren ab, die Förster*innen gut abwägen müssen. Denn von dieser Entscheidung hängen viel Geld, ökologische Beeinträchtigungen und Sicherheitsrisiken für die Forstwirt*innen ab. Letztendlich gilt bei dieser Entscheidung folgender Grundsatz: Das Holzernteverfahren ist dem Waldbestand anzupassen, und nicht andersherum.

HARVESTER

Der Harvester ähnelt einem landwirtschaftlichen Traktor. Er hat einen langen Arm, an dessen Ende ein sogenanntes Aggregat hängt. Mit diesem Aggregat können Harvester einen Baum greifen und ihn gleichzeitig mit einer großen Säge abschneiden. Im Aggregat werden die Baumstämme dann sogar entrindet und entastet. Das alles funktioniert voll-elektronisch über den eingebauten Bordcomputer. Diese unglaublich effiziente Methode der Holzernte hat allerdings auch einen entscheidenden Nachteil: Der Preis in der Anschaffung liegt durchaus im mittleren sechsstelligen Bereich. Deshalb engagieren Förster*innen oft externe Unternehmer*innen, die auf diese Form der Holzernte spezialisiert sind. Dabei können dann 15 Kubikmeter Holz pro Stunde geerntet werden! Die Stärken eines Harvestereinsatzes kommen also erst so richtig zur Geltung, wenn viel Holz auf einer kleinen Fläche anfällt.

Der Harvester ist ein große Maschine, die die Ernte im Wald viel einfacher macht.

BODENSCHUTZ ALS OBERSTES GEBOT

Eine rund 20 Tonnen schwere Maschine hinterlässt Spuren – im wahrsten Sinne. Auf nicht befestigten Wegen kann sie tiefe Furchen in den Waldboden drücken, wo lange Zeit keine Pflanzen mehr wachsen können. Der Boden wird durch das hohe Gewicht so stark verdichtet, dass kein Platz mehr für Luft und Wasser vorhanden ist. Das macht es für Pflanzen unmöglich, ihre Wurzeln auszubreiten.
Aus diesem Grund gibt es verschiedene Möglichkeiten, um die Belastung für den Boden so gering wie möglich zu halten. Förster*innen legen im Wald ein Netz aus Wegen und Rückegassen an, nur auf denen dürfen die schweren Maschinen fahren. Außerdem hat eine 8-Rad-Maschine eine bessere Gewichtsverteilung als ein Modell mit nur

4 Rädern. Und wenn der Boden ganz besonders empfindlich ist, dann kann man spezielle Bänder auf die Räder ziehen, ähnlich wie die Ketten eines Baggers. Ganz wichtig ist jedoch: Wenn trotz aller Vorkehrungen die Arbeitenden vor Ort feststellen, dass eine große Maschine den Boden zu sehr beeinträchtigt, dann muss man die Arbeit einstellen und auf einen besseren Zeitpunkt warten, zum Beispiel wenn der Boden gefroren und damit sehr hart ist.

Der Forstwirt steht mit der Motorsäge bereit, um Bäume zu fällen.

MOTORSÄGE

Das Fällen von Bäumen mit der Motorsäge erledigen in einem Forstbetrieb die Forstwirt*innen. Sie kommen zum Einsatz, wenn sich ein Harvestereinsatz wirtschaftlich nicht lohnt oder aufgrund des Geländes nicht möglich ist. Neben Aspekten des Bodenschutzes ist das auch bei der Ernte von sehr dicken Bäumen der Fall. Für solche Bäume ist die Säge der meisten Harvester nämlich zu klein. Die manuelle Fällung ist zwar ökologisch sehr viel besser, allerdings ist die Gefahr für die Forstleute wesentlich höher. Harvesterfahrer*innen sitzen in einer geschützten Fahrerkabine, während Forstwirt*innen zu Fuß nahezu ungeschützt vor herabfallenden Ästen sind.

ABTRANSPORT MIT PFERDESTÄRKE

Eine Rückemaschine bringt das abgeschnittene Holz aus dem Bestand bis zur Waldstraße. Von dort können normale Lkws den Abtransport aus dem Wald übernehmen. Bei einer Rückemaschine gelten ähnliche Bestimmungen wie bei einem Harvester. Wenn die Gefahr zu groß ist, andere Bäume zu beschädigen oder es am Berg zu steil für eine Befahrung ist, dann lassen sich die Stämme auch mit einem Seil aus dem Bestand ziehen. Dafür werden dann extra mobile Seilbahnen im Wald aufgespannt. Das ist natürlich extrem aufwendig und entsprechend teuer.

Eine heutzutage sehr seltene Methode ist die Nutzung von Rückepferden. Diese Pferde sind robust und speziell dafür gezüchtet, um schwere Stämme bewegen zu können. Früher war diese Methode weit verbreitet, doch mit den sehr viel effizienteren Maschinen sind sie nur noch selten im Wald anzutreffen. Bei einem jährlichen Holzeinschlag von

Solche starken Pferde (links) können eine Alternative zu schweren Maschinen sein. Sie können sie jedoch nicht ersetzen.

über 60 Millionen Festmetern in Deutschland würden die sehr viel langsamer arbeitenden Rückepferde auch gar nicht hinterherkommen. Trotzdem bleibt das Rücken mithilfe von Pferden eine schöne Methode mit viel Tradition, die besonders wegen des bodenschonenden und naturverträglichen Einsatzes an vielen Orten wieder diskutiert und genutzt wird.

WIE MAN MIT HOLZ GELD VERDIENT

Förster*innen übernehmen viele Aufgaben bei der Betreuung eines Waldes. Eine davon ist das Wirtschaften mit dem Rohstoff Holz. Was ist also ein Baum wert, wie wird Holz verkauft und ist der finanzielle der einzige Wert von Bäumen?

ICH UND MEIN HOLZ

Beginnen wir diesen Teil doch mal mit einem kleinen Experiment. Schau mal kurz vom Buch auf: Wie viel Holz siehst du in deiner unmittelbaren Umgebung? Holz ist omnipräsent, und manchmal merkt man gar nicht, wofür man es überall benötigt. Vielleicht steht vor dir ein Holztisch, dein Sessel wird von einem Holzgestell getragen oder der Boden ist aus Eichenparkett. Vor dir auf dem Tisch kann ein Schreibblock aus Papier liegen und auch auf der Toilette bevorzugst du wahrscheinlich gewisse Papierprodukte. Und sogar der uralte Liebesbrief in deiner Schublade wäre ohne Holz nur eine schöne Erinnerung.

Und es gibt noch viel mehr: Eisenbahnschwellen, Dachstühle, Europaletten, Musikinstrumente und unzählige weitere Dinge werden auch heute noch aus Holz hergestellt. Und so vielfältig wie die Verwendungsmöglichkeiten sind auch die Ansprüche, die ans Holz gestellt werden.

Im Alltag umgibt uns Holz. Zum Beispiel beim Musik machen.

DIE HOLZAUSWAHL

Jede Baumart hat andere Eigenschaften und jeder Baum ist anders gewachsen. Förster*innen müssen nun zuordnen und abwägen: Welches Holz kann für welche Zwecke gebraucht werden und welcher Baum ist wie viel wert? Da die wenigsten Käufer*innen nur einen einzelnen Baum kaufen, müssen sie Baumgruppen, sogenannte Sortimente, bilden.

DER PERFEKTE BAUM

Würde man rein nach wirtschaftlichen Aspekten handeln, wäre das Ziel logischerweise möglichst wertvolles Holz zu produzieren. Eine Baumart, die in unseren Wäldern häufig einen recht hohen Holzpreis erzielt, ist die Eiche. Ein Festmeter Eiche kann 400 € bis 1.000 € wert sein! Manche Stämme geben aber auch nur 100 € oder weniger.

Warum schwankt der Wert so stark? Das liegt vor allem daran, wie der Baum gewachsen ist. Eichenholz wird meist für die Produktion von teuren Möbeln oder Furnieren genutzt. Besonders für die Fertigung von Furnieren benötigt man Stämme, die verschiedenste Anforderungen erfüllen müssen, die in einem langen Katalog festgelegt sind. Sie benötigen zum Beispiel eine gewisse Mindestlänge, müssen gerade gewachsen sein, dürfen nicht faul sein und keine Äste haben. Je nachdem, wie viele dieser Kriterien ein Stamm erfüllt, wird er dann in eine von vier Qualitätsklassen eingeteilt, die von A nach D benannt sind. Ein Stamm der Klasse A ist dabei das beste Holz, während ein D-Stamm mehr negative Merkmale hat und dadurch weniger wert ist. Und selbst Holz, das keines dieser Kriterien erfüllt, kann man nutzen.

WUSSTEST DU SCHON ...?

Furniere sind hauchdünne Holzschichten, die man zum Beispiel für den Innenausbau von Fahrzeugen oder zur Verschönerung von Möbeln nutzt. Sie werden in riesigen Maschinen gesägt oder vom rotierenden Stamm heruntergeschält. Fast wie beim Spargelschälen, nur viel größer und holziger.

Die gestapelten Baumstämme an Wegesrändern nennt man Polter.

WIE PRODUZIERT MAN HOLZ?

Jetzt bestehen unsere Wälder aber nicht alle aus perfekt gewachsenen Eichen mit wenigen Ästen. Aktuell versuchen Förster*innen, einen bunt gemischten Wald mit verschiedenen Baumarten unterschiedlichen Alters zu erschaffen. So wollen wir dem Klimawandel begegnen und einen multifunktionalen Wald der Zukunft erschaffen. Nachdem ein Baum gepflanzt wurde, unternehmen Forstleute also viele Schritte, um möglichst gerade, astfreie Stämme zu erzeugen und dabei gleichzeitig die vielen anderen Funktionen des Waldes zu wahren.

Trotzdem (oder deshalb) ist der perfekt gewachsene Baum der Qualitätsklasse A definitiv eher die Ausnahme. Die meisten gefällten Bäume haben bestimmte Mängel, oder sind so gewachsen, dass man sie gar nicht direkt als Schnittholz nutzen kann. Solche Stämme werden oft zu Hackschnitzeln, Brennholz oder als Industrieholz zu Zellstoff und Spanplatten verarbeitet. Hackschnitzel ist kein Gericht, sondern diese Holzsplitter, die man oft auf Wegen oder Beeten findet. Und große Fabriken stellen aus Zellstoff Papier her. Jedes Holz kann also einer bestimmten Nutzung und damit auch potenziellen Käufer*innen zugeordnet werden.

UND DANN KAM DER KLIMAWANDEL

Besonders wenn große Waldflächen zerstört werden, wird es kompliziert. Das nennt man dann Kalamität. Durch Stürme und Borkenkäfer hat es in der letzten Zeit zum Beispiel ein riesiges Überangebot von Fichtenholz gegeben. Durch die außerplanmäßige Fällung der Bäume und den Käferbefall ist dieses Holz zusätzlich oftmals von schlechter Qualität. Durch das Überangebot ist der Preis für Fichte so stark gesunken, dass die Holzernte (ja, das nennt man auch im Wald tatsächlich so) in manchen Fällen mehr gekostet hat, als man letztendlich für das Holz im Verkauf bekommen hat.

Im Klimawandel finden wir viele Kalamitätsflächen.

WUSSTEST DU SCHON ...?

Gerade wenn ein Baum wirtschaftlich keinen hohen Wert erzielt, ist er für den Wald oftmals dennoch extrem wertvoll. Denn besonders Bäume mit Asthöhlen, faulen Stellen oder toten Ästen stellen einen Lebensraum für eine Vielzahl von Tier-, Insekten- und Pilzarten dar.

HOLZMERKMALE – WOFÜR VERWENDEN WIR WELCHES HOLZ?

Weißt du, woran du erkennst, ob die Baumstämme in deinem Lieblingswald für einen Massivholztisch taugen oder eher eine Palette draus wird? Wir haben schon erklärt, wie man mit Bäumen Geld verdienen kann und wie viel ein Baum wert ist. Hier soll es darum gehen, wie und wieso eine Unterteilung in Kategorien vorgenommen wird. Ist Holz nicht gleich Holz?

HOLZ IST NICHT GLEICH HOLZ

Logisch, oder? Grundsätzlich gibt es Nadelholz und Laubholz. Und auch diese Holzarten unterteilen sich noch einmal untereinander. Ob Buche oder Eiche, Tanne oder Douglasie, macht einen ziemlichen Unterschied. Holz kann unterschiedlich schwer oder gefärbt sein. Wer es ganz genau nimmt, der kann auch auf Festigkeit, Dichte, Dauerhaftigkeit, Härte oder sowas wie Formstabilität achten. Es gibt also ziemlich viele Eigenschaften, die beeinflussen, wie Holz verwendet wird.

Von oben nach unten: Ahorn, Esche, Eiche und Kiefer. Holz hat nicht nur verschiedene physikalische Eigenschaften, sondern sieht auch ganz unterschiedlich aus!

Eichenholz ist meist sehr hart und beständig. Aber auch da gibt es Unterschiede. Kein Baum gleicht dem anderen. Durch den Standort, die Konkurrenz, die er durch andere Bäume erfährt, oder durch seine Gene wächst jeder Baum einzigartig. Manche Bäume sind beulig und voller toter Äste oder sie sind schlank und haben wenig Äste. All das hat Einfluss auf die Verwendung, denn: Aus faulem Holz einen Dachstuhl zu bauen oder Eiche mit 1A-Qualität im Ofen zu verfeuern, wäre wirklich unsinnig. Das Gute ist: Wie das Holz aufgeschnitten aussehen wird, kann man schon von außen erkennen. Die Merkmale zeigen sich an der Mantelfläche (Rinde) oder an den Stirn- bzw. Schnittflächen des Stamms.

Aus einem einzigen Baum kann also sowohl der Massivholztisch (aus einem schönen, dicken Stammstück unten) sowie Zaunpfähle (aus einem dünnen, astigen Teil oben), als auch Papier und Brennholz (aus der Krone) entstehen.

WUSSTEST DU SCHON ...?

Wenn ganz viele Bäume in ihrer Jugend sehr eng stehen, dann bilden sie nur wenige dünne Äste aus. Stehen die Bäume frei, wie beispielsweise in einem Park, werden sie astig und knorrig.

DIE VIELFALT DER ÄSTE

Äste sind wichtige Holzmerkmale: Es gibt gesunde und faule, es gibt dicke und dünne, es gibt verwachsene und nicht verwachsene. An Ästen verändert sich die Faserstruktur des Baumes. Nicht richtig verwachsene Äste können zu Löchern im Brett führen: vor allem, wenn sie von innen faul sind. Zum Glück kann man von außen erkennen, ob der Ast gesund ist. Generell gilt: Je astärmer ein Stamm und je gesünder sowie kleiner die vorhandenen Äste sind, desto höher ist der Holzpreis und desto edler die Verarbeitung.

ASTNARBEN

Nicht alle Äste, die ein Baum ausbildet, behält er auch sein Leben lang. Äste aus der Jugend, die irgendwann von der Krone überschattet werden, sterben ab. Fallen die Äste ab, werden die übriggebliebenen Stummel überwachsen – Forstleute sagen überwallt. Zurück bleibt eine Narbe. An den sogenannten Astsiegeln kann man erkennen, wie dick der Ast war, den der Baum überwallt hat. Und bei glattrindigen Bäumen kann man noch die (im Forst politisch unkorrekt bezeichneten)

Viele Äste an einem Baum sehen zwar schön aus, helfen aber nicht beim Verkauf des Stammes.

Auch Bäume haben Narben und einige davon behalten sie ihr ganzes Baumleben lang.

„Chinesenbärte" erkennen: Dies entsteht, wenn der Baum Äste überwallt. Standen die Äste im 90°-Winkel ab, dann sind die „Chinesenbärte" flach. War es aber ein Steilast, sind die Bärte nach unten gezogen und lang. Auch hier gilt, je kleiner und weniger die Astnarben und je flacher die „Chinesenbärte", desto wertvoller das Holz.

WUSSTEST DU SCHON ...?

Manche Bäume, wie die Douglasie oder die Kirsche, stoßen abgestorbene Äste nicht ab. Diese werden vom Baum überwallt. Man kann auch sagen, sie wachsen ein. Da aber Bäume mit wenig Ästen im Holz mehr wert sind, werden diese mit langen Sägen von Forstwirt*innen abgestoßen und abgesägt. So werden die Stämme und damit das Holz später schön astfrei.

RISSE

Sternriss, Ringriss, einfacher und durchgehender Kernriss – all das sind Risse an Stämmen, die man an den Schnittflächen oben und unten am Stamm erkennen kann. S-förmige Haken an den Schnittflächen sollen die Spannung aus dem Holz nehmen und ein Aufreißen verhindern.

FÄULE

Wenn ein Baum beispielweise verletzt wurde, dringen Pilze ins Holz ein und bauen es langsam ab. Das Holz wird weich und brüchig. Ein ordentlicher Tisch lässt sich daraus nicht mehr herstellen. Dann wird dieses Holz, je nach Stadium der Fäule, in die Kategorie Industrieholz sortiert: Es werden also Spanplatten oder Klopapier daraus.

Aus dem einen Stamm wird vermutlich noch Industrieholz, den anderen lässt man vielleicht besser im Wald stehen.

GEKRÜMMT UND GEDREHT

Gekrümmtes Holz eignet sich meist nur als Brennholz. Dieses Problem gibt es auch beim Drehwuchs, wenn sich der Baumstamm um sich selbst dreht. Durch den ungünstigen Faserverlauf ist die Stabilität des Holzes eingeschränkt.

Ein Brett oder ein Balken ist nur dann so richtig nützlich, wenn er auch gerade ist.

TIPP

Entdecke bei deinem nächsten Waldspaziergang die Baumvielfalt und wende dein gelerntes Wissen an: Hat der Baumstamm Potenzial, auf der neuesten Luxusyacht verbaut oder ein Eichenfass zu werden – oder schreibst du bald deinen Einkaufszettel darauf?

DER DEUTSCHE WALD IM CONTAINER

Das IKEA-Regal aus Holz aus Russland, die Mahagoni-Sapeli-Terrasse aus Nigeria oder die Holzkohle aus Polen. Viele unserer Alltagsgegenstände aus Holz sind nicht immer aus Deutschland. Egal ob Holz oder Holzprodukt, Deutschland ex- und importiert jedes Jahr Millionen von Kubikmetern.

NACKTE ZAHLEN

Im Jahr 2024 wurden hierzulande 61,2 Millionen Kubikmeter Holz eingeschlagen. Davon gingen 12 Millionen Kubikmeter als Export von Rohholz ins Ausland, das meiste nach China. Das ist weniger als in den Vorjahren, weil weniger Schadholz angefallen ist und der Bauboom aus der Coronapandemie abflacht. Die Menge des exportierten Holzes hat sich in fünf Jahren (2015-2020) verdreifacht, gleichzeitig ging die Menge des importierten Holzes um ein Drittel zurück.

CONTAINERWEISE HOLZ

Im Hafen wird das Frachtgut kontrolliert. Manche Container werden begiftet oder erhitzt, damit Schädlinge absterben und keine Krankheitserreger in fremde Länder eingeschleppt werden. Das Eschentriebsterben wurde durch einen Pilzfruchtkörper ausgelöst, der durch den globalen Handel aus dem asiatischen Raum nach Europa gelangte.

KRITIK AM HOLZEXPORT

Besonders im Jahr 2021 wurden Stimmen zur Regulierung des Holzhandels laut. Während die Sägeindustrie Rekorderlöse mit dem Export von

Holz aus Deutschland erzielte, mussten Handwerksbetriebe überhöhte Preise zahlen, um überhaupt noch Holz zu erhalten. Hier lag der Fokus vor allem auf den ökonomischen Aspekten, weniger auf der Versorgung des lokalen Marktes.
Grund für den globalen Holzhandel ist auch die weiterverarbeitende Industrie im Ausland. Absurderweise schickt man Buchenstämme nach Indien, verarbeitet sie dort beispielsweise zu Tischen weiter und schickt sie nach Deutschland zurück. So hat der sonst klimaneutrale Rohstoff Holz schnell einen ziemlich üblen CO_2 -Fußabdruck.

WAS KANN JEDE*R TUN?

Der Holzhandel ist teilweise dafür verantwortlich, dass neue Schädlinge eingeführt werden. Nicht nur Holzprodukte, sondern auch Zierpflanzen und Co. sollten daher vorzugsweise aus Deutschland oder dem europäischen Raum kommen.

Ökologische und soziale Standards können in anderen Ländern in der Forstwirtschaft niedriger sein. Deshalb lohnt sich ein genauer Blick darauf, wo das Holz herkommt. Die Herkunftsverfolgung ist nicht immer einfach für Konsument*innen. Holz aus Deutschland gibt aber Sicherheit. Zudem verringert man auch Transportwege und damit den ökologischen Fußabdruck. Trotz aller Kritik ist Holz ein wichtiger Rohstoff im Kampf gegen den Klimawandel, wenn wir es langfristig, nachhaltig und lokal nutzen. Die naturgemäße Waldwirtschaft ist also der örtlichen Stilllegung von Wäldern vorzuziehen, wodurch sonst die Probleme nur ins Ausland verlagert werden.

IST HOLZ VERBRENNEN KLIMANEUTRAL?

Bei der Frage, ob Brennholz CO_2-neutral ist, streiten sich die Geister. Aber was bedeutet das eigentlich, CO_2-Neutralität?

ES WIRD WARM

Bei der Verbrennung von Holz entstehen Gase, unter anderem Methan, Lachgas, Kohlenmonoxid und Kohlenstoffdioxid . Kohlenmonoxid sowie der Feinstaub, der ebenfalls bei der Verbrennung entsteht, sind schädlich für unsere Gesundheit, deshalb ist es wichtig, dass das Brennholz richtig verbrannt wird.

WUSSTEST DU SCHON ...?

Brennholz muss gut trocknen, am besten 1–2 Jahre. Ziemlich lang, oder? Leider ja, denn wenn das Holz zu feucht ist, kann die optimale Temperatur bei der Verbrennung nicht erreicht werden und die Energie, die das Brennholz abgibt, sinkt. Deswegen muss die Holzfeuchte unter 20 % liegen.

BEI UNS KNISTERT ES

Bei einer optimalen Verbrennung bleibt unten im Ofen feine weiß-graue, pulvrige Asche zurück. Befinden sich darin größere Kohlestücke, dann konnte das Brennholz vermutlich nicht komplett verbrennen. Außerdem ist eine Rußfahne beim Verbrennen ein weiterer Hinweis, dass etwas nicht passt. In diesem Fall sollte man die Luftzufuhr überprüfen. Zuletzt gibt es den sogenannten Glanzruß. Dieser entsteht bei einer unvollständigen Verbrennung und lagert sich an der Scheibe und den Wänden des Ofens ab, wodurch dieser Wärme schlechter an die Umgebung abgeben kann. Im schlimmsten Fall kann dies zu einem Schornsteinbrand führen. Deshalb ist es wichtig, nicht nur für eine optimale Verbrennung des Holzes zu sorgen, sondern den Ofen auch regelmäßig von Schornsteinfeger*innen reinigen und warten zu lassen. Jetzt können die Funken richtig fliegen!

IST DAS CO_2-NEUTRAL?

Unsere Wälder binden CO_2, da die Bäume bei der Fotosynthese CO_2 und Wasser mithilfe von Licht zu Zucker und Sauerstoff umwandeln. Diese Zucker benötigen sie zum Wachsen. Der Kohlenstoff ist nun im Zucker und damit im Holz gebunden. Lässt man den Baum in Ruhe wachsen, dann würde er immer dicker werden und immer mehr Kohlenstoff speichern. Deshalb bezeichnen wir unsere Wälder als Kohlenstoffsenken. Ist der Baum alt und stirbt, was je nach Baum(-art) hundert bis tausend Jahre dauern kann, dann wird der gebundene Kohlenstoff langsam durch die Zersetzung durch Mikroorganismen wieder frei.

Fällt man den Baum früher, kann er kein CO_2 mehr binden. Verbrennt er, dann wird der bereits gebundene Kohlenstoff freigesetzt, und zwar schnell. Verarbeitet man dieses Holz zum Beispiel zu einem Tisch, dann bleibt das CO_2 so lange gebunden, wie der Tisch als solcher existiert.

Bei Holz handelt es sich jedoch um einen nachwachsenden Rohstoff. Das heißt, an der Stelle, wo man den großen Baum gefällt hat, ist wieder Platz für ein junges Bäumchen. Wächst dieses Bäumchen, dann speichert es CO_2. Wissenschaftliche Untersuchungen zeigen sogar, dass nachhaltig genutzte Wälder, deren Holz langfristig verbaut wird, mehr CO_2 aus der Atmosphäre entnehmen können als nicht genutzte Wälder.

Bei richtig getrocknetem Brennholz bleibt im Ofen nur noch eine feine, pulvrige Asche zurück.

WUSSTEST DU SCHON …?

Das Holz in unseren Wäldern besteht zu 50 % aus Kohlenstoff, der der Atmosphäre entnommen wurde!

Brennholz muss ordentlich trocknen, bevor es genutzt werden kann.

DER WERT DES WALDES

Der eigentliche Wert eines Waldes kann kaum monetär bemessen werden. Schließlich ist er nicht nur Lebensraum für Tiere, Pflanzen und Insekten und stellt uns Menschen den Sauerstoff bereit, sondern reinigt auch das Wasser, das in die Wasserwerke fließt. Und das ist nur ein Bruchteil dessen, was den Wald als wertvolles Ökosystem ausmacht.

Aufgabe der Förster*innen ist es, all diese Werte zu wahren. Zum Glück können wir durch den Holzverkauf Geld verdienen, mit dem wir dann die Pflege und den Schutz finanzieren können.

EIN GUTER KOMPROMISS

Die Antwort, ob Brennholz CO_2-neutral ist, ist wohl „Jain". Es ist einerseits nicht emissionsfrei, auf der anderen Seite speichern nachwachsende Bäume wiederum das freigesetzte CO_2. Wenn wir nachhaltig gewachsenes Brennholz verbrennen, welches als Nebenprodukt bei der Holzernte entstanden ist, dann ist das schon mal nicht verkehrt. Nutzen wir nur das Holz, das auch nachwachsen kann, dann ist das nachhaltiger als die Verwendung von begrenzt vorhandenen fossilen Brennstoffen.

Der Großteil des erwirtschafteten Holzes sollte zu langlebigen Produkten verarbeitet werden, wodurch der Kohlenstoff so lange wie möglich gebunden wird. Zudem sollten wir eine Kaskadennutzung anstreben. Dabei verwenden wir das Holz so oft wieder, bis es nur noch für die Verbrennung gut ist. So bekommt man den maximalen Nutzen aus dem Holz!

Brennholz machen ist für viele auch ein geselliges Hobby in der Natur.

FAQ

WIE KOMME ICH AN BRENNHOLZ?

Für Brennholz muss man ganz oft gar nicht in den Baumarkt fahren, sondern kann das nächstgelegene Forstamt oder direkt die Förster*innen im nahen Revier anrufen. Sie verkaufen Brennholz und wissen ganz genau, wie viel wo liegt und wie man dort am besten dran kommt. Manchmal stellen sie es bereits am Wegesrand bereit. Auch bei Privatwäldern kann man immer mal anfragen, ob sie was zur Verfügung haben. Mittlerweile gibt es sogar einige Websites und Apps, die Suchende auf der Holzsuche unterstützen.

DARF ICH AUF BÄUME KLETTERN?

Wir haben in Deutschland ein freies Betretungsrecht, das schließt aber erst mal nur das Betreten zu Fuß ein. Auch Fahrradfahren ist nur auf ausgewiesenen Wegen erlaubt. Auf Bäume klettern kann zudem zu Sachbeschädigung führen, also lieber nicht machen. Auch kann es die Bäume selbst verletzen. Und wie wir gelernt haben, ist das gar nicht gut.

WAS BEDEUTEN DIE ZEICHEN AN DEN BÄUMEN?

Das ist tatsächlich von Betrieb zu Betrieb unterschiedlich, es gibt also keine einheitliche Legende. Grundsätzlich kann man aber sagen, dass ein Querstrich in Rot, Orange oder Pink bedeutet, dass ein Baum gefällt werden soll. Andere Farben, wie zum Beispiel Weiß, können bedeuten, dass der Baum wirtschaftlich oder auch naturschutzfachlich wertvoll ist und geschützt werden soll. Außerdem gibt es auch Zeichen, die für Jäger*innen, Forstwirt*innen oder Maschinenführer*innen als Orientierung dienen. Ganz wichtig: Nicht jeder Baum mit Markierung soll gefällt werden.

WO VERKAUFT MAN BÄUME?

In der Regel verkauft man Holz aus dem Wald heraus. Nur ganz besonders wertvolle Stämme werden versteigert. Dazu sammelt man diese auf einem Submissionsplatz und Interessierte können bieten.

WELCHES HOLZ IST AM WERTVOLLSTEN?

Das ist natürlich super individuell. Insgesamt kann man aber sagen, dass das teuerste Holz auf Submissionen versteigert wird. Je seltener, desto teurer. Gut dabei sind aber immer sehr dicke Eichen, langsam gewachsenes Nadelholz oder spezielle Arten wie der Speierling oder die Elsbeere.

HOW MUCH IS THE TISCH?

Es ist natürlich schwierig, hier absolute Zahlen zu nennen. Als ungefähre Hausnummer haben wir mal diese Tabelle erstellt. Die genauen Preise variieren natürlich je nach Kaufenden und Verhandlungsgeschick der Verkaufenden.

Auf einer Submission wie hier im rheinland-pfälzischen Johanniskreuz werden die wertvollsten Stämme erst gesammelt und dann in einer großen Auktion verkauft.

Baumart	Preis (€/ Fm) gute Qualität (A)	Preis (€/ Fm) schlechte Qualität
Eiche	800	100
Buche	130	80
Fichte	100	50
Lärche	400	80

WAS MACHEN WIR AUS DEM GANZEN HOLZ?

Was später aus den gefällten Stämmen wird, ist von den Eigenschaften abhängig. Grundsätzlich gilt aber, dass die Verwendung möglichst wertig ist. Aus einem Eichenstamm wird also kein Brennholz, wenn daraus Parkettboden gemacht werden kann. Und aus Fichten wird kein Papier, wenn sich daraus ein Dachstuhl fertigen lässt.

IST HOLZ GLEICH HOLZ?

Holz kann ganz unterschiedliche Eigenschaften aufweisen, die für die spätere Verwendung relevant sind. Wichtige Werte sind beispielsweise die Härte, die Dichte oder die Dauerhaftigkeit (wie schnell das Holz von Pilzen befallen werden kann). Grundsätzlich können wir Baumarten in zwei Kategorien einteilen: Laubholz und Nadelholz. Das Nadelholz hat längere Holzfasern. Daraus lassen sich Papier und tragende Elemente wie Dachstühle besser produzieren. Das ist ein Grund dafür, dass die Fichte im 20. Jahrhundert oft in Reinbeständen angepflanzt wurde.

SELBSTVERSORGUNG AUS DEM WALD – JAGEN

Immer häufiger wird die Notwendigkeit der Jagd in der modernen Zeit infrage gestellt. Viele kritisieren sie als grausames, aus der Zeit gefallenes Hobby. Zu Recht? In der ersten Hälfte dieses Kapitels soll es darum gehen, wieso die Jagd noch immer eine wichtige Aufgabe ist. Wildfleisch ist ein hochwertiges und, in Maßen zugeführt, gesundes Lebensmittel. Am Ende des Kapitels findest du auch zwei tolle Rezepte für Wildfleisch.
Was man über Wildfleisch hinaus im Wald entdecken und sammeln kann – von Nahrungsmitteln bis zu Dekoration, von Pflanzen bis zu Pilzen – zeigen wir dir im zweiten Teil.

*Auf so einem Hochsitz bleiben Jäger*innen ungesehen.*

IST JAGEN NOCH ZEITGEMÄẞ?

Die Jagd leistet einen wichtigen Beitrag zum Artenschutz und zur Biodiversität, und sichert die nachhaltige Nutzung des Waldes. Besonders in Hinsicht auf den Klimawandel. Neu bepflanzte Freiflächen, die den Wald von morgen begründen sollen, sind dem Verbiss durch Wildtiere ausgesetzt. Hier ist die Bejagung wichtig, um einen gesunden Wald für folgende Generationen aufzuziehen.
Es gibt natürlich noch zahlreiche andere Gründe, wieso gejagt wird: Wildschweinbestände können sich zum Beispiel pro Jahr verdreifachen. Das liegt hauptsächlich an den milden Wintern (geringere Jugendsterblichkeit) und dem guten Nahrungsangebot durch Maisanbau. Wildschweine verursachen vor allem Schäden auf landwirtschaftlichen Flächen und die Afrikanische Schweinepest, die Deutschland bereits erreicht hat, ist vor allem durch verringerte Populationsgrößen einzugrenzen.

Uns ist es an dieser Stelle wichtig zu betonen, dass es hier nicht um den massenhaften und rücksichtslosen Abschuss von Wildtieren geht. Wild soll und darf auch nicht als „Schädling" abgestempelt werden. Wilde Tiere sind ein wichtiger Bestandteil der Natur und unserer Kulturlandschaft. Es geht um die seit Jahrhunderten überfällige, adäquate und tierschutzkonforme Regulierung der Wildbestände auf eine gesunde und angepasste Höhe, in der Wald und Tier sich im natürlichen bzw. naturnahem Rahmen entwickeln können.
Jagdkritiker*innen gehen oft davon aus, dass sich die Natur selbst reguliert und die Jagd daher überflüssig ist. Dabei wird außer Acht gelassen, dass es in Deutschland so gut wie keine unberührte Natur mehr gibt. Der Mensch zersiedelt die Landschaft durch Städte, Straßen und Bahngleise. Dadurch können natürliche Regulationsmechanismen nicht mehr wirken. Wildtiere finden in der Agrarlandschaft das ganze Jahr ausreichend Nahrung. So kann keine natürliche Selektion stattfinden. Auch große Raubtiere (oder biologisch korrekter: Beutegreifer) wie der Wolf sind hierzulande immer noch sehr selten. Gleichzeitig wird die Vermehrungsrate von Wildtieren, wie zum Beispiel von Wildschweinen, maßgeblich von der Nahrungsverfügbarkeit bestimmt: Ist viel Nahrung vorhanden, gibt es viel Nachwuchs. Und dank des Klimawandels schaffen es zusätzlich viel mehr Jungtiere durch den Winter, als es natürlicherweise der Fall wäre. Mit der Bejagung dieser Wildtiere können wir versuchen ein „künstliches Gleichgewicht" zu schaffen, wenn das „natürliche Gleichgewicht" nicht mehr möglich ist.

JAGEN FÜR NATURSCHUTZ UND ARTENVIELFALT

Es gibt sogenannte Kulturfolger und Kulturflüchter. Kulturfolger, wie der Fuchs oder das Wildschwein, passen sich an uns Menschen gut an. Sie finden Nahrung und Unterschlupf in Siedlungsgebieten. Dadurch können sich ihre Lebensumstände sogar verbessern. Das führt oftmals zu ansteigenden Populationsgrößen. Das Gegenteil sind die Kulturflüchter, die unter dem Einfluss des Menschen leiden. Rebhühner zum Beispiel finden auf großen Agrarflächen keine Deckungsmöglichkeiten mehr, und sind leichte Beute für Prädatoren, also Beutegreifer. Durch die Jagd können wir zwar keine Verbesserung der Lebensräume herbeiführen,

Der Fuchs kommt gut mit den Veränderungen durch den Menschen zurecht und ist daher ein sogenannter Kulturfolger.

aber den Druck durch Fressfeinde reduzieren. Sehr selten gewordene Vogelarten wie das Rebhuhn sind bedroht, weil sie ihre Nester auf dem Boden bauen. Diese Nester werden gerne von Füchsen oder Waschbären ausgeraubt. Die Jagd auf Füchse und Waschbären kann so also zum Erhalt der Rebhühner beitragen.

Besonders bei der Jagd ist es aber sehr schwierig, pauschale Aussagen zu treffen. Die Jagd auf Füchse, Waschbären etc. nennen wir Raubwildjagd. Und diese Jagdart ist aus anderen Gründen aber sehr umstritten. Viel zu viele Gründe, um sie hier alle aufzuführen. Zum Glück haben wir dazu schon Videos gedreht ...

Besonders invasive Arten führen häufig zu Problemen. Der pfiffige Waschbär ist beispielsweise eine solche Art. Sie verdrängen heimische Konkurrenten und werden zum Albtraum u. a. für Vögel, deren Nester ausgeraubt werden. Sogar Großvögeln, wie Uhu oder Schwarzstorch, gehen sie dermaßen auf den Leim, dass diese teilweise sogar ihre Lebensräume verlassen. Hier kann die Jagd ebenfalls zu einer Verbesserung führen.

JAGEN FÜR DEN WALD VON MORGEN

Die Jagd im Wald dient der Sicherung eines klimastabilen Mischwaldes von morgen. Viele Waldflächen sind in den letzten Jahren durch die Auswirkungen des Klimawandels abgestorben. Damit hier neue Wälder entstehen, pflanzen Förster*innen junge Bäumchen, die besser an das zukünftige Klima angepasst sind.

Durch den Verbiss von Knospen und Trieben wird das Wachstum der Bäume beeinträchtigt. Jedes Tier muss fressen – auch Rehe, das Rotwild (unsere größte heimische Hirschart) und andere wildlebende Tiere des Waldes. Besonders beliebt bei den Wiederkäuern sind die Knospen von jungen Bäumen und anderen Pflanzen des Waldes. Diese sind zart und energiereich. Dieser Verbiss hat negative Auswirkungen auf die Pflanzen. In den Knospen stecken die Blätter und Zweige des nächsten Jahres. Wenn die Knospe, aus der jedes Jahr der neue Leittrieb entsteht, verbissen wird, dann wächst die Pflanze in diesem Jahr nicht in die Höhe. Sie muss einen Ersatztrieb ausbilden. Das kostet Kraft und Zeit, und die Pflanze hat einen Nachteil gegenüber den Nachbarpflanzen, die nicht verbissen wurden. Wird ein junger Baum mehrfach und über Jahre hinweg verbissen, stirbt er letztendlich sogar ab.

Andere Wiederkäuer des Waldes, zum Beispiel das Rotwild, fressen auch die Rinde von Bäumen.

Sie „schälen" lappenförmige Rindenstücke ab, um die Fasern aufzunehmen. Wenn dem Baum diese schützende Hülle fehlt, entsteht eine Eintrittspforte für Pilze und andere Parasiten. Diese verbreiten sich dann im Holz und lassen den Baum von innen langsam verrotten. Es ist völlig natürlich, dass Wild in Wald und Flur vorkommt. Der Wald ist als Ökosystem die Verbindung zwischen den Lebewesen und ihrem Lebensraum. Ein funktionierendes System toleriert auch eine gewisse Menge an Verbiss. Um zu verstehen, warum zu hohe Wilddichten trotzdem ein Problem sind, schauen wir uns mal ein ideales Ökosystem an.

WUSSTEST DU SCHON ...?

Es gibt verschiedene Jagdarten. Wenn ein*e Jäger*in allein abends in den Wald läuft und sich auf einen Hochsitz setzt, wird das Ansitzjagd genannt. Im Winter treffen sich viele Jäger*innen zu Gesellschaftsjagden, bei denen Treiber*innen das Wild aus dem Wald treiben, sodass andere Jäger*innen auf Hochsitzen es schießen können.

DER IDEALE WALD

In einem intakten und naturnahen Wald fallen Bucheckern, die Früchte der Buchen, auf den Waldboden und beginnen zu keimen. So entstehen neue Bäume. Wenn in unserem idealen Wald zu viele Rehe vorkommen, werden bald nahezu alle neu gewachsenen Bäumchen von den Rehen abgefressen. Der Wald kann sich nicht mehr selbstständig fortpflanzen.

Das Rehwild lebt fast überall in unseren Wäldern

In einem natürlichen Wald würde es Raubtiere geben, die die Rehe daran hindern, sich immer weiter zu vermehren. Die Natur hat also ganz von sich aus einen Automatismus geschaffen, der das Ökosystem Wald im Gleichgewicht hält. Leider haben wir Menschen die meisten Beutegreifer, wie den Wolf und den Luchs, aus unseren Wäldern vertrieben. Das hat dazu geführt, dass es in vielen deutschen Wäldern so viel Wild gibt, dass die Pflanzen im Wald unter den zahlreichen Tieren leiden. Nun ist es also die Aufgabe des Menschen, dieses Gleichgewicht wiederherzustellen! Das bedeutet ganz konkret, dass wir für ein ausgeglichenes Ökosystem die Menge des Wildes in unseren Wäldern deutlich reduzieren müssen. Im nächsten Schritt ist dann dafür zu sorgen, dass die Menge der Tiere auch auf dem gleichen Niveau bleibt. Eine Bejagung wird also auch in Zukunft immer vonnöten sein!

Jagdhunde wie Ardelle sind eine wichtige Unterstützung bei der Jagd.

WILDTIERE – ECHTE FEINSCHMECKER!

Verbissen werden generell alle Baumarten, manche mehr und manche weniger. Buchen werden zwar verbissen, doch sind diese meistens in großer Anzahl durch die natürliche Verjüngung (Bucheckern) vorhanden. Andere seltene Baumarten werden allerdings deutlich häufiger verbissen – man will immer das, was man sonst nicht haben kann. Dazu gehören dann z. B. Tannen- und Eichenarten, die im klimawandelangepassten Forst noch eine große Rolle spielen werden. Konzentriert sich der Verbiss auf die selteneren Bäume, sterben diese und fehlen dann später im Jungwuchs, und es kommt zu einer sogenannten Entmischung. Auch andere Baumarten, wie Ulme, Kirsche, Speierling und Co. haben unter dem starken Verbissdruck keine Chance. Die Entmischung beschränkt sich allerdings nicht nur auf die Bäume, sondern betrifft alle Pflanzen des Waldes.

DAS UNGLEICHGEWICHT

Auf eine Baumart spezialisierte Insekten, Pilze, Flechten und sonstigen Lebewesen sind durch zu viel Verbiss gefährdet. Auch sind viele Vogelarten auf Wälder angewiesen, die vor allem mit jungen Bäumen durchmischt sind. Hier sind sie geschützt vor Greifvögeln und finden eine Vielzahl an Insekten.

Solange wir die Lebensräume der Wildtiere beeinflussen, ist auch ein gewisses Management notwendig. Die Jagd ist dabei nur ein Werkzeug von vielen. Wichtig ist, dass Jäger*innen sich ihrer Verantwortung bewusst sind und Tiere nicht wie Schädlinge abgeschossen werden. Die Diskussionen zur Jagd werden oft sehr emotional geführt. Das ist nachvollziehbar, schließlich geht es hier um Lebewesen und unsere Umwelt. Nur sollten dabei die Konsequenzen aus unserer Vergangenheit und wissenschaftlich belegte Fakten nicht außer Acht gelassen werden. Zudem gibt es in Deutschland strenge Vorgaben und Gesetze, die die Jagd hierzulande regeln.

NACHHALTIGER FLEISCHKONSUM – WILDFLEISCH

Durch die Jagd ist es Jäger*innen möglich Fleisch zu essen, das nicht aus der Massentierhaltung kommt. Viele sehen diese Art des Fleischkonsums deswegen als ethisch und ökologisch vertretbar an.

Leider kann Wildfleisch kein Bio-Siegel erhalten. Es kann eben nicht kontrolliert werden, was es genau frisst. Dennoch heißt es häufig: Mehr bio geht nicht! Die Tiere sind in ihrem Lebensraum weitestgehend frei. Ihnen werden keine Antibiotika und andere Nahrungsergänzungen zugeführt. Und sie sind nicht auf den maximalen Fleischertrag gezüchtet. Die Tötung erfolgt verantwortungsvoll und tierschutzgerecht. Das Erlegen von einigen Wildtieren ist außerdem wichtig für die Entstehung und Schaffung klimastabiler und artenreicher Wälder. Wildbret ist zudem sehr mager, nährstoffreich und arm an Cholesterin.

WUSSTEST DU SCHON ...?

Es gibt auch sogenanntes Gatterwild, das wie Rinder auf einer landwirtschaftlichen Fläche gehalten wird. Das ist meistens Rot- und Damwild. Häufig ist das im Supermarkt verkaufte Wild importiertes Gatterwild, beispielsweise aus Polen oder sogar aus Neuseeland.

FAQ

DARF MAN ZU JEDER TAG- UND NACHTZEIT JAGEN?

Einige Tiere darf man gar nicht jagen, andere nur zu bestimmten Zeiten. Damit sind nicht die Tageszeiten, sondern einige Monate des Jahres gemeint. Sogenannte Schonzeiten sollen gewährleisten, dass Tiere in sensiblen Zeiten wie zum Beispiel der Jungtieraufzucht nicht gestört werden.

DÜRFEN JÄGER*INNEN IMMER WAFFEN FÜHREN?

Nein. Es gibt viele Regeln und Gesetze dazu, wann und wie Jäger*innen eine Waffe bei sich tragen dürfen. Im Alltag oder weit weg vom Wald ist in den allermeisten Fällen kein Raum dafür.

IST WILDFLEISCH ESSEN SCHLECHT FÜRS KLIMA?

Im Gegenteil: Wenn man Fleisch essen möchte, ist Wildfleisch oft die bessere Option als konventionell produziertes Fleisch. Es ist meistens regional und da die Tiere nicht gefüttert, in Ställen gehalten oder lebend zum Schlachter transportiert werden, ist der ökologische Fußabdruck wesentlich kleiner. Die Tiere leben außerdem in ihrem natürlichen Lebensraum und größtenteils stressfrei. Wildfleisch kann zu viel mehr als zum klassischen Weihnachtsbraten verarbeitet werden. Auf den nächsten Seiten findest du ein paar leckere Vorschläge.

REZEPTE

WILDE BÄRLAUCH-BURGER

Für 5 Burger:

5 Brioche-Buns (oder Brötchen)

*500 g Wildhackfleisch (von Jäger*innen deines Vertrauens)*

1–2 rote Zwiebel(n)

4–5 Blätter frischen Bärlauch

100 g Blauschimmelkäse (oder Camembert)

2–3 ganze Tomaten

etwas Rucola

etwas Preiselbeermarmelade

50–100 g Frischkäse

Bratöl, wie Sonnenblumen- oder Rapsöl

Salz und Pfeffer

Wildfleisch kann so viel mehr als nur ein Braten sein!

Die roten Zwiebeln längs in feine Streifen schneiden und in einem sauberen Glas mit einer heißen Flüssigkeit aus halb Essig, halb Wasser, etwas Zucker und Salz übergießen und ziehen lassen. Tomaten und ggf. Rucola zum Garnieren schneiden und bereitstellen.

Für die Patties das Fleisch zunächst mit Salz und Pfeffer würzen. Den Bärlauch fein hacken und untermischen. Dann das Fleisch in fünf Teile (jeweils ca. 100 g) teilen und zwischen Backpapier zu Patties flach drücken, zum Beispiel mit einem Topf. Anschließend das Öl in einer Pfanne erhitzen und das Fleisch scharf anbraten, bis es eine schöne Farbe hat. Dann den Blauschimmelkäse auf die Patties geben und schmelzen lassen. Die Buns mit Frischkäse und Preiselbeermarmelade bestreichen, schichten und genießen!

WILDES GULASCH

Für 4 Personen/Portionen:

800 g–1000 g Wildgulasch

4–5 Möhren

5–7 Zwiebeln

3 Knoblauchzehen

Bratöl, wie Sonnenblumen- oder Rapsöl

etwas Tomatenmark

1 l Wildfonds (alternativ: Rinderbrühe. Achte auch hier auf eine verantwortungsvolle Herstellung)

200 g Sahne

4–5 Wacholderbeeren

2–3 Lorbeerblätter

Gewürze: Cayenne-Pfeffer, Paprikagewürz (scharf), Gewürzmischung (Steinsalz, Orangengranulat, schwarzer Pfeffer, Ingwer, Bockshornkleesamen, Piment, Kakao, Zimt, Kardamom, Fenchel) und Salz

Auch Gulasch kann mit Wildfleisch zubereitet werden und ist echt lecker!

Zuerst das Gemüse verarbeiten: Möhren in Scheiben oder kleine Würfel schneiden, Zwiebeln vierteln, Knoblauch hacken. Dann das Fleisch mit etwas Öl in einem großen Topf oder Bräter scharf anbraten, bis es eine braune Färbung hat. Gemüse und Tomatenmark hinzugeben und mit anbraten. Anschließend die Gewürze hinzufügen. Wenn man Lorbeerblätter und Wacholderbeeren in einem Teefilter hinzugibt, kann man sie am Ende leicht wieder entfernen. Nun so viel Fond oder Brühe hinzufügen, bis alles gut mit Flüssigkeit bedeckt ist. Alles circa 3 Stunden mit geschlossenem Deckel köcheln lassen. Am Ende den Deckel abnehmen, um Flüssigkeit zu reduzieren.
Wer will - und je nach Fleisch – verfeinert das Ganze am Ende noch mit einem Schuss Sahne. Mit Spätzle servieren. Am nächsten Tag schmeckt es noch besser.

SELBSTVERSORGUNG AUS DEM WALD – SAMMELN

Hach, endlich mal wieder einen total entspannten Ausflug machen. Du wirfst dich in deinen Mantel, schnappst dir deinen Korb und ziehst los, bist auf Nahrungssuche. Auf dem Weg überlegst du noch, was hat eigentlich gerade Saison? Was sprießt gerade in der Natur, wonach kann ich suchen? Es gibt ja wirklich nichts Besseres, als regional und saisonal zu essen.
Und dann betrittst du den Supermarkt, stehst in der überfüllten Obst- und Gemüseabteilung, weil alle nach der Arbeit schnell noch einkaufen gehen, die orangeroten Angebotsschilder drängen jeden Gedanken an Anbaubedingungen und Saisonalität in den Hintergrund.

*Supermärkte sind ein moderner Luxus, den wir wirklich nicht missen wollen. Doch verlieren wir damit den Bezug zu Lebensmitteln? Das Schöne ist, wir müssen uns nicht entscheiden, wir können beides haben: Die Effizienz und das Angebot von Supermärkten und die Pilz-, Nuss- und Beerensuche im Wald. Der Wald hat nämlich nicht nur für Fleischesser*innen Optionen!*
Viele denken dabei zuerst an Pilze: Pfifferlinge, Maronen oder Steinpilze, nach denen schon Pettersson und Findus suchten. Du wirst staunen, wie viel der Wald noch bereithält.

Die goldgelben Schätze aus dem Wald.

PILZE

Vielleicht war es bei dir auch so, als du noch klein warst: Oft mögen Kinder keine Pilze, das liegt wahrscheinlich an der Konsistenz. Doch Pilze können auch mit ihrer Optik überzeugen: Wen hat der leuchtend rote Fliegenpilz, der dann auch noch so giftig ist, nicht fasziniert? Und dann gibt es diesen Pilz, der wie ein Fußball aussieht: den Riesenbovist. Man könnte diesen sogar essen, aber vor allem kann man sich sehr gut vorstellen, wie man mit ihm Tore schießt.

Und es geht noch weiter: der Buchenschleimrübling, der so komisch glitschig ist. Oder diese ufoförmigen Pilze, die an alten oder toten Bäumen wachsen. Das könnte zum Beispiel der Birkenporling sein. Und ganz ehrlich, es könnte Comedy-Shows zu den Namen mancher Pilzarten geben: Kennst du schon den Stinkenden Schleimkopf oder den Satansröhrling?

In Deutschland gibt es circa 14.000 Pilzarten, mehr als es Pflanzenarten gibt! Davon sind allerdings nur ungefähr 200 essbar. Die Kunst besteht darin, sie zu erkennen und sicher von ihren ungenießbaren bis giftigen Doppelgängern zu unterscheiden.

WUSSTEST DU SCHON …?

Pilze gehören nicht zu den Pflanzen, sondern bilden ihr eigenes Reich. Viele Pilze leben aber im Austausch mit Pflanzen. Manche leben symbiotisch mit ihnen, gehen also Beziehungen ein, von denen beide Seiten profitieren. Da geht es zum Beispiel um den Austausch von Nährstoffen und Zucker. Manche Pilze sind aber auch parasitär, da profitieren nur die Pilze von der Beziehung zur Pflanze. Andere Pilze übernehmen wichtige andere Aufgaben im Wald, zum Beispiel zersetzen sie altes Holz.

AUSGEBILDET IM PILZESAMMELN

Gerade weil Pilzesammeln schnell in die Hose gehen oder schlimmstenfalls im Krankenhaus enden kann, muss man erst mal einiges lernen. Nur logisch, dass es also eine Ausbildung gibt. Die dauert keine drei Jahre, sondern drei Wochenenden, und wird zum Beispiel von der Deutschen Gesellschaft für Mykologie angeboten (Mykologie ist die Wissenschaft von den Pilzen). Es gibt verschiedene Arten und Anbieter*innen einer solchen Ausbildung. Ziel ist es, eine umfangreiche Kenntnis der verschiedenen Pilzarten zu erlangen und sicher in der Pilzbestimmung zu werden. Wenn man es also wirklich ernst mit dem Pilzesammeln meint, bietet sich ein solcher Lehrgang an. Wenn man ein paar Sachen beachtet, kann man aber auch als Laie oder Laiin losziehen.

Die Pilzsaison startet je nach Witterung ungefähr mit Ende des Sommers. Vor allem nachdem es viel geregnet hat, kann man von nun an in Laub- und

Nadelwälder ziehen und nach den Leckerbissen Ausschau halten. Wenn man es auf eine bestimmte Pilzart absieht, sollte man sich vorher informieren, was diese bevorzugt! Manche Pilzarten mögen zum Beispiel bestimmte Baumarten oder Böden. Gerade am Anfang sollte man sich auf Arten beschränken, die leicht zu erkennen sind. Mit den Röhrlingen bist du auf der sicheren Seite, denn in Deutschland gibt es davon keine tödlich giftigen. Bekannt sind zum Beispiel die Maronen. Ein Bestimmungsbuch sollte man trotzdem immer dabeihaben! Wichtig ist auch, dass die Exemplare alle unbeschädigt, also nicht angefressen und schimmelig sind.

Röhrlinge findest du zuhauf in unseren Wäldern.

WUSSTEST DU SCHON ...?

Im Zweifelsfall: stehen lassen oder fragen. Ist man sich im Wald noch sicher und kommen auf dem Heimweg dann doch Zweifel auf, kann man sich bei Expert*innen melden. Es gibt Pilzsachverständige, die eine Korbkontrolle anbieten. Am besten recherchierst du, bevor du losziehst, was in deiner Region angeboten wird! Wenn man nach dem Verzehr ernste Zweifel oder Beschwerden hat, sollte man den Giftnotruf kontaktieren. Auch dafür gibt es regionale Kontaktdaten und die solltest du wirklich vorher abgespeichert haben.

RÜCKSICHT

Beim Pilze sammeln verlässt man unweigerlich die Waldwege. Das bedeutet, man sollte eine Extraportion Rücksicht mitbringen und vorsichtig sein. Achte darauf, keine Tiere zu verschrecken und keine jungen Bäume zu zertreten. Beim Sammeln selbst sollte man nur vorsichtig den Fruchtkörper vom Pilz abschneiden oder abdrehen, dabei aber nicht die unterirdischen Teile vom Pilz oder das umliegende Moos beschädigen. Ein Großteil der Pilze sind geschützt, auch die essbaren. Für den Eigenbedarf gilt aber bei vielen Pilzarten eine Ausnahme, man darf so viele sammeln, wie man am selben Tag noch essen kann und möchte. Im Naturschutzgebiet ist das Sammeln verboten.

MEHR GENUSS AUS DEM WALD

Im Wald findet man natürlich noch wesentlich mehr als Pilze. Jeden Frühling startet von neuem der Bärlauch-Hype. Der Frühblüher erfreut sich jedes Jahr großer Beliebtheit: Die Wälder füllen sich, weil alle auf der Suche nach dem knoblauchähnlichen Grünzeug sind.
Man kann die grünen Blätter pflücken und auf vielfältige Weise zubereiten. Bärlauch schmeckt frisch und etwas wie Knoblauch. Die bekanntesten Zubereitungsarten sind daher Bärlauch-Pesto und -Butter. Unsere Bärlauch-Zitronen-Butter war das erste Rezept, das wir in der Kategorie „Aus dem Wald in die Küche" auf www.forsterklaert.de hochgeladen haben.

Hier gilt beim Sammeln natürlich auch, dass man auf die umliegende Natur Rücksicht nehmen muss. Zudem gibt es noch Faustregeln dazu, wie viel man sammeln sollte: die 1-aus-25-Regel und die Handstrauß-Regel.
Die 1-aus-25-Regel besagt, dass man ein Exemplar sammeln darf, wenn insgesamt 25 Stück an einem Ort stehen. Im Falle des Bärlauchs ist das oft recht einfach, weil er ganze Teppiche auf dem Waldboden bilden kann. Bei anderen Pflanzen wird es oft schwieriger – was auch genau der Grund dafür ist, warum diese Faustregel existiert: Es soll sichergestellt werden, dass die Art erhalten bleibt und auch im nächsten Jahr wieder sprießen kann.

Die Handstrauß-Regel soll sicherstellen, dass man wirklich nur für den Eigenbedarf pflückt. Man soll nur so viele Pflanzen aus dem Wald mitnehmen, wie man mit einer Hand fassen kann. Das gilt auch, wenn es bei den Pflanzen nicht um Essbares, sondern um Deko geht. Im Frühling dekorieren viele gerne mit Weidenkätzchen, also Weiden, die gerade austreiben und ganz flauschig aussehen. Im Winter sind Tannenzweige traditionelle Dekorationen. Nimm also immer nur so viele Zweige mit, wie du in einer Hand halten kannst! Ein paar Zweige von Bäumen abknipsen ist meistens in Ordnung, solange du darauf achtest, nicht zu viele von einem einzelnen Baum abzuscheiden. Gerade junge Bäume können daraufhin Schwierigkeiten bekommen. Bleib da auch eher an den Seiten und unten am Baum, damit dieser fröhlich weiter in die Höhe wachsen kann.

WUSSTEST DU SCHON …?

*Zu einigen deutschen Traditionen gehört Deko, die aus dem Wald stammt. Mancherorts werden Maibäume aufgestellt, für Hochzeiten werden ganze Haustüren umkränzt und bei Volksfesten und Schützenfesten gehören Kränze oder Gestecke aus Zweigen dazu. Aber Achtung! Natürlich darf man nicht einfach in den Wald fahren und so große Mengen oder gar ganze Bäume mitnehmen. All das braucht die ausdrückliche Erlaubnis der Waldbesitzer*innen oder Förster*innen.*

NÜSSE, FRÜCHTE UND SAMEN

Im Herbst bleibt schnell nichts Grünes mehr, das man sammeln könnte. Dafür wird der Wald farbenfroh und die Bäume werfen wunderschönes Laub, ihre Früchte und Samen ab. Das bunte Herbstlaub lädt an sich schon zum Sammeln ein. Gerade Kinder lieben die bunten Farben, und man kann anschließend mit ihnen Herbst-Deko basteln. Aber zwischen dem Laub findet sich noch der ein oder andere Schatz.

Das klassische Beispiel dafür sind natürlich die runden, glänzenden Kastanien, die Früchte der Rosskastanie. Als Kind bastelt man aus ihnen kleine Kastanienmännchen, aber auch in Erwachsenen weckt eine Kastanie auf dem Weg den unerklärlichen Wunsch, diese aufzusammeln und in die Jackentasche zu stecken. In älteren Generationen hält sich teilweise noch der Volksglaube, dass Kastanien gegen Rheuma helfen würden. Das ist leider nicht belegt, aber vielleicht stammt daher noch immer die Intuition, Kastanien einfach einstecken zu wollen. Diese Kastanie übrigens bitte nicht essen! Die Esskastanie (siehe Foto rechts) ist eine ganz andere Baumart, die nicht mal wirklich mit der Rosskastanie verwandt ist.

Die Esskastanie stammt aus südlicheren Regionen, weshalb wir sie in Deutschland heute vor allem in Weinbauregionen finden. Sie wächst auch in nördlicheren Regionen, bildet dann aber meist nur wenige Früchte. Um Esskastanien essen oder weiterverarbeiten zu können, muss man sie erst mal aus ihrer harten Schale befreien. Da hilft vor allem Hitze: die Schale mit dem Messer einritzen und dann die Kastanien kochen oder besser noch, im Ofen rösten. Dabei bleiben die meisten Aromen erhalten.

Auf ähnliche Weise kann man sich noch weitere Waldfrüchte schmecken lassen: Bucheckern. Die Rotbuche ist in Deutschland weit verbreitet und mit ihr die Bucheckern. Sie liefern richtig Energie und schmecken als Snack oder Topping von Salaten und Suppen. Hier ist das Erhitzen aber noch wichtiger, roh können Bucheckern zu Bauchschmerzen und weiteren Problemen führen.

Der Fruchtbecher der Esskastanie hat wesentlich mehr Stacheln als der der Rosskastanie.

DER WALD ALS ERHOLUNGSORT

*Der Wald ist für uns alle da: in seinen Funktionen als Klimaschützer und Holzlieferant, aber auch ganz einfach als Aufenthaltsort. Wer geht nicht gerne mal in den Wald, um sich zu erholen? Viele Menschen nutzen den Wald für den täglichen Spaziergang oder um mit dem Hund eine Runde zu drehen. Deshalb gelten diese Wälder oft als Naherholungsgebiete. Gleichzeitig bietet der Wald Platz, um Hobbys ausleben zu können, wie Campen, Wandern oder Mountainbiken. Wenn man mehr über den lokalen Wald erfahren möchte, kann man oft beim ansässigen Forstamt nachfragen, ob Führungen und Guides angeboten werden. Ranger*innen gibt es auch in deutschen Natur- und Nationalparks und Tourismusgebieten.*

Auch wir von Forst erklärt erholen uns gerne im Wald. Lea genießt zum Beispiel hier die Luft der Urwälder in den rumänischen Karpaten.

WALD MACHT GESUND

Barfuß lässt sich der Wald auf besondere Weise erleben.

Ein Aufenthalt im Wald fühlt sich nicht nur gut an, sondern fördert die Gesundheit. Das ist wissenschaftlich erwiesen! Bereits 15 Minuten im Wald senken den Blutdruck und die Herzfrequenz – man fühlt sich entspannt. Da neben der Erholung auch die Gesundheit im Wald in den Fokus rückt, gibt es mittlerweile ausgewiesene Heil- und Kurwälder.

WALDBADEN

Von dem Trend Waldbaden hört man mittlerweile immer öfter. Was für Förster*innen und Forstwirt*innen alltäglich ist, möchte auch die breite Bevölkerung in ihren Alltag integrieren. Dabei geht es nicht um die übliche Waldnutzung, wie Spazieren oder Wandern. Es geht um das Erleben des Waldes mit allen Sinnen.

WUSSTEST DU SCHON ...?

Shinrin-Yoku ist Japanisch und bedeutet übersetzt „Baden im Wald". In Japan hat man diesen Begriff bereits 1982 geprägt. Waldbaden gilt als gesundheitsfördernd und soll in den Alltag integriert werden.

Waldbaden hilft bei Herz-Kreislauf-Erkrankungen oder kann Burnout vorbeugen. In Japan ist die Waldmedizin seit einigen Jahrzehnten ein anerkanntes Forschungsgebiet an Universitäten. Die Forscher*innen untersuchen, wie der Wald sich auf unseren Körper auswirkt. Bisher ist klar, dass ein Waldbad das Immunsystem stärkt und Blutdruck und Pulsfrequenz senkt. Auch präventiv ist Waldbaden wirksam: Bereits ein täglicher, kurzer Besuch im Wald kann langfristig gesünder machen.

WIE WIRD EIN WALD ZUM GESUNDHEITSWALD?

Ein Waldbad tut gut und macht gesund. Mittlerweile gibt es sogar extra ausgewiesene Erholungs-, Kur- oder Heilwälder. Diese Wälder erfüllen in besonderem Maße unsere Ansprüche an Entspannung und Ruhe. Doch was macht so einen Wald zu einem Gesundheitswald, und wo liegen die Unterschiede?

Das Land Mecklenburg-Vorpommern gilt als Vorreiter bezüglich der Auszeichnung von Gesundheitswäldern. Seit 2011 kann die obere Forstbehörde auch Heil- und Kurwälder rechtskräftig ausweisen. Ein Heilwald muss dabei besondere Kriterien erfüllen: Dazu gehören spezielle Anforderungen an die Infrastruktur im und am Wald, um auch mobilitätseingeschränkten Menschen den Zugang zu ermöglichen.

WAS IST EIN ERHOLUNGSWALD?

Bei einem Erholungswald steht, wie der Name bereits verrät, die Erholung der Bevölkerung im Vordergrund. Das kann zum Beispiel eine Einschränkung der Nutzung oder der Jagdausübung in diesem Wald bedeuten. Zum Beispiel kann das Anlegen von Wander- oder Radwegen dazu gehören, genauso wie das Errichten von Infotafeln oder Sitzgelegenheiten. Oftmals findet man diese Wälder bei Städten oder Ballungsräumen, aber auch in der Nähe von Kureinrichtungen oder Erholungsorten.

WUSSTEST DU SCHON ...?

In Deutschland haben wir 11,5 Millionen Hektar Wald. 1993 wurden laut Bundesministerium für Landwirtschaft, Ernährung und Forsten 215.210 Hektar als Erholungswald ausgewiesen. Heute dürfte es bereits deutlich mehr sein.

WAS IST EIN KURWALD?

Mit Achtsamkeitsübungen oder sonstigen sportlichen Bewegungsaktivitäten sollen Krankheiten früh entgegengewirkt und rechtzeitig behandelt werden (Sekundärprävention).

Im Kurwald Krakow am See gibt es zum Beispiel Infotafeln mit Yoga-Übungen oder eine Balancier- und Kletteranlage und sogar eine Kneippsche Wassertretanlage. Wie ein Fitnessstudio, nur an der frischen Luft. Toll, oder? Kurwälder gibt es, meist in der Nähe von Kurorten, in ganz Deutschland, wie in Graal Müritz oder Krakow am See.

Tafeln mit Bewegungsübungen laden zum Nachmachen ein.

WAS IST EIN HEILWALD?

Heilwälder sind Waldgebiete zur therapeutischen Nutzung. Hier sollen Menschen wieder gesund werden. Geschulte Waldtherapeut*innen sind hier im Einsatz – und meist besteht eine Zusammenarbeit mit einer Kur- bzw. Reha-Klinik.

Im Heilwald Bad Lippspringe ist beispielsweise in Zusammenarbeit mit der Universität Paderborn ein kognitiv-motorischer Bewegungspark geplant. Dort können die Patient*innen sowohl Kraft- als auch Koordinations- und Ausdauertraining absolvieren.

Heilwälder sind meistens etwas kleiner, weil der Bewegungsradius der Patient*innen geringer ist. Du findest Heilwälder in ganz Deutschland, wie in Bad Nauheim oder Klink (an der Müritz).

Wald, richtig geplant und angelegt, kann Erholungs- und Bewegungsmöglichkeiten für alle Menschen bieten: von befestigten Wegen für gemütliche Spaziergänge im Wald bis hin zu anspruchsvollen Trails für Extremsportler*innen!

In manchen Heilwäldern stehen Geräte, mit denen man an der frischen Luft trainieren kann.

MOUNTAINBIKEN IM WALD

Radfahren im Wald ist ein besonderes Erlebnis.

Mit dem Gravelbike Waldwege erkunden oder mit dem Mountainbike Hügel und Berge runterbrettern: Radfahren im Wald macht Spaß! Doch gerade ab einer gewissen Geschwindigkeit muss man besonders vorsichtig sein. Man will ja nicht mit Spaziergänger*innen zusammenstoßen, über gekippte Baumstämme stolpern oder wilde Tiere aufschrecken!

WAS IST ERLAUBT?

Der Trend, die grüne Waldoase auch für den Mountainbike-Sport zu nutzen, wird Jahr für Jahr größer. Im Wald ist das Radfahren auf gekennzeichneten Wegen erlaubt, abseits davon darfst du allerdings nicht fahren. Das soll verhindern, dass Tiere im Wald aufgescheucht und gestresst sowie Waldpflanzen und Pilze zerstört werden. Damit das Radfahren dennoch Spaß macht, gibt es immer mehr offizielle Mountainbike-Trails durch den Wald.

Offizielle Mountainbike-Trails sind gut ausgeschildert.

Der erste Schritt zu sicheren Trails: Warn- und Hinweisschilder.

Oft sind sie das Ergebnis einer Zusammenarbeit von Forstleuten und Mountainbike-Vereinen. Die legalen Trails werden von Förster*innen auf tote Äste, die herabfallen könnten, kontrolliert und ermöglichen eine sichere Befahrung.

SICHERE TRAILS FÜR MENSCH UND TIER

Die Sicherung der Trails und das Beseitigen des Totholzes, das zum Beispiel aus den Kronen brechen und die Mountainbiker*innen gefährden kann, geht nicht nur mit viel Aufwand einher. Das Totholz und andere Waldstrukturen sind für Tiere, Pflanzen oder Insekten ein wichtiger Lebensraum. Förster*innen und Naturschützer*innen haben oft einen guten Überblick, welche Bereiche eines Waldes für einen Trail infrage kommen – und an welchen Orten der Wald besser ungestört bleibt. Es ist sehr wichtig, sich an die vorgeschriebenen Trails zu halten, um den Lebensraum der Waldtiere nicht noch weiter zu beschränken. Vor dem Errichten neuer Trails ist es daher wichtig, in den Dialog mit allen beteiligten Parteien zu gehen. Der Wald ist Lebensraum für uns alle, und wir müssen daher Rücksicht aufeinander nehmen!

ÜBERNACHTEN IM WALD

Es gibt nichts Schöneres, als mit dem Zelt oder einem kleinen Auto mitten in der Natur zu stehen und unter dem Licht der Sterne einzuschlafen. Doch meist ist das bei uns in Deutschland nicht erlaubt. Wir versuchen einen kleinen Überblick zu schaffen, wie man legal im Wald übernachten kann!

Zum Glück gibt es Campingplätze am Wald, auf die man mit dem Bulli fahren darf.

CAMPEN UNTER BAUMKRONEN

Auch Zelten oder Campen ist im Wald verboten. Lediglich das Biwakieren ist im Notfall erlaubt. Das bedeutet, dass man sich bei Wetternot oder unterschätzter Wegstrecke auch für eine Nacht mit Isomatte und Schlafsack in den Wald oder in einer Schutzhütte schlafen legen darf. Solche Schutzhütten findest du in vielen Wäldern.

Seit einiger Zeit gibt es aber auch offizielle Trekkingplätze, zu denen man hinwandern und wo man auch schlafen darf. Hier kann man nicht nur sein Zelt aufschlagen, sondern findet oft auch eine Komposttoilette und eine Feuerstelle. Nur an solchen genehmigten, fest angelegten Orten ist das Feuermachen im Wald erlaubt.

MIT DEM BULLI IM WALD

Auch mit dem Camping-Bulli oder einem ausgebauten Van ist es nicht erlaubt, einfach im Wald zu übernachten. Natürlich gibt es einige Naturcampingplätze, die eine Übernachtung im Freien auch mit dem Auto ermöglichen. Ganz einsam und wild ist es aber nicht.

Zum Glück gibt es immer mehr Online-Plattformen, auf denen private Wald- und Landbesitzende ein kleines Stück Wiese zur Verfügung stellen. Gegen eine kleine Gebühr kann man dann ganz allein mitten in der Natur übernachten – sofern man ein Auto hat, das alles Wichtige an Bord hat. Man kann sich das vorstellen wie eine Art Airbnb für Wildcamping. Klasse Idee!

KENNST DU BUSHCRAFTING?

Stockbrot am knisternden Lagerfeuer, schlafen unter freiem Sternenhimmel, grandiosen Ausblick über den See ... Klingt gut?

Beim Bushcrafting geht es um das (Über-)Leben in der Wildnis. Dabei ist man nur auf natürlich vorkommende Ressourcen angewiesen, wie Holz oder Steine. Außerdem ist darauf zu achten, dass ausreichend Wasser, Nahrung, Schutz und Wärme gegeben sind. Somit gehören Fähigkeiten wie Nahrung finden, einen Unterschlupf bauen und Feuer machen zu den Grundskills im richtigen Bushcrafting. Das wichtigste Werkzeug ist nicht die größte Säge oder das schärfste Messer, sondern vielmehr der Verstand.

UND WAS IST DAS GENAU?

Eine feste Definition gibt es nämlich nicht. Alle dürfen sich Bushcrafter*innen nennen, der Begriff ist nicht geschützt. Bushcraft ist also für alle geeignet– unabhängig vom Wissen und Alter. Es ist eine tolle Möglichkeit, um sich mal anders in der Natur zu bewegen und um neue Fähigkeiten zu entwickeln. Für den kleinen Einstieg eignet sich beispielweise eine kleine Schnitzaktion während einer Wanderpause oder das Stockbrotbacken über offenem Feuer (natürlich nur dort, wo es erlaubt ist). Man könnte auch Fortbildungen zum Pilze- oder Kräutersammeln zum Bushcrafting zählen, denn man lernt viel Neues über die heimische Flora und Funga.

Wenn man in der Natur Zeit verbringen will, bedeutet das meistens viel Ausrüstung. Also auch: großer Rucksack.

AUSRÜSTUNG FÜR DIE WILDNIS

Man benötigt keine besondere Ausrüstung, um Bushcraft zu betreiben, sondern vor allem Wissen und Fähigkeiten. Manche Gegenstände können einem das Leben allerdings sehr erleichtern. Die klassischen Utensilien zum Übernachten bestehen aus einem Schlafsack, einer Isomatte und einem Tarp (das ist sowas wie eine Plane). Manche bevorzugen auch Hängematten oder Zelte. Um Flusswasser abzukochen, benötigt man entweder einen Wasserfilter oder einen Topf und eine Möglichkeit, Feuer zu machen.

Außerdem braucht man ein gutes Messer zum Bearbeiten von Holz und Zubereiten von Essen. Für dickere Äste oder Baumstämme benötigt man eine Säge oder eine Axt. Mit einem Seil kannst du beispielsweise dein Tarp aufspannen oder deinen Rucksack aufhängen. Und, was überhaupt nicht fehlen darf, ist ein kleines Erste-Hilfe-Set, das du hoffentlich nicht brauchen wirst.

DARF MAN WILDCAMPEN?

Feuer im Wald? Übernachten im Freien? Zwei Dinge, die in Deutschlands Wäldern größtenteils verboten sind. Wer ohne Genehmigung ein Zelt im Wald aufschlägt, begeht eine Ordnungswidrigkeit. Feuermachen kann sogar als Straftat gewertet werden. Denn offenes Feuer ist gerade bei Trockenheit ziemlich gefährlich fürs Ökosystem und daher grundsätzlich tabu!

Für dein Camp musst du dir vorab eine Genehmigung der Waldbesitzenden einholen. Das Camp sollte immer aufgeräumt sein und achte darauf, dass kein Müll herumliegt. Äste oder ganze Bäume werden nicht abgesägt oder sonst wie beschädigt, es wird höchstens bereits gefallenes Holz aufgesammelt. Sobald man den Heimweg antritt, gilt das Prinzip: „Hinterlasse nichts als Fußspuren“.

Hier in Schweden war Campen und Lagerfeuer ausdrücklich erlaubt!

WUSSTEST DU SCHON ...?

Wildcampen ist in den meisten Bundesländern zwar verboten, das sogenannte Biwakieren stellt allerdings eine Grauzone dar. Eigentlich bezeichnet man einen Notbiwak als behelfsmäßigen Übernachtungsplatz im Hochgebirge, wenn man zum Beispiel eine Entfernung falsch eingeschätzt hat oder von einem Unwetter überrascht wurde. Beim Klettern ist das sogenannte Boofen, also das Campieren in Felsspalten, ebenfalls erlaubt.

Die Fähigkeit, in der Wildnis überleben zu können, möchten immer mehr Menschen erlernen. Je mehr Leute den Wald schätzen, desto besser! Aber wenn all diese Menschen im Wald Schutzhütten bauen, leidet das Ökosystem darunter. Damit alle den Wald genießen können, müssen wir ihn schützen und die Belastungsgrenze des Ökosystems respektieren.

RETTUNG IM WALD – SICHER HILFE HOLEN

Beim Absetzen des Notrufs ist es wichtig, sich an die fünf W-Fragen zu halten. Dazu gehört auch: Wo bin ich eigentlich? Aber was mache ich, wenn ich das gar nicht weiß? Wenn man zum Beispiel gerade im Wald spaziert und nicht genau beschreiben kann, wo man gerade ist?

HILFE, ICH BIN IN GEFAHR!

Wie teile ich mit, wo genau ich mich gerade befinde? Das wichtige Stichwort sind dabei die sogenannten Rettungspunkte. Vielleicht sind sie schon mal an einem Waldeingang an einer Straße aufgefallen. Auf diesen Rettungspunkten steht ein Code, den du am Telefon bei der Notrufzentrale durchsagst.

Ist man also allein im Wald, macht es vielleicht Sinn, sich den Code für den Fall der Fälle zu merken oder abzufotografieren.

Wenn man ganz sicher gehen will, kann man sich mittlerweile auch eine App herunterladen. In der App „Hilfe im Wald" sind alle Wege, die aus dem Wald hinausführen, eingezeichnet.

Für längere Wanderungen bieten sich darüber hinaus satellitengestützte Notrufsysteme an, die

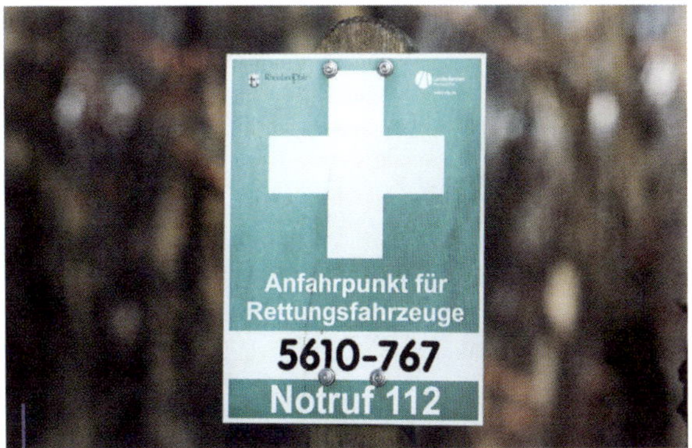

Solche Rettungspunkte finden wir in fast jedem Wald in Deutschland.

man sich zulegen kann. Darüber kann man, egal wo man ist und wie viel Netz man hat, immer seinen Standort teilen und Hilfe anfordern.

WUSSTEST DU SCHON …?

Rettungspunkte liegen fast immer am Waldrand an einer Straße oder Ortschaft. Wenn du dich also erinnern kannst, in welche Richtung es zur Straße oder zum nächsten Dorf geht, findest du dort auch sicher den nächsten Rettungspunkt.

HILFE, WO BIN ICH?

Wenn man sich „nur" verläuft, hilft die App „Hilfe im Wald": Dort sind alle Waldwege eingespeichert. Ansonsten hat fast jedes Handy mittlerweile einen Kompass.
Falls du dein Handy aber nicht dabeihaben solltest, kannst du einfach einem Waldweg folgen. Irgendwann sollte auch dieser wieder aus dem Wald hinausführen.

HILFE, ICH HABE KEIN NETZ?!

Das ist kein Problem. Bei einem Notruf werden alle verfügbaren Handynetze providerunabhängig genutzt.

FAQ – VERHALTEN IM WALD UND IN DER NATUR

Hier in Schweden war Feuer erlaubt, es wurden sogar extra Lagerfeuerstellen eingerichtet.

Es gibt bestimmte Regeln und Richtlinien zum konformen Verhalten im Wald. So können wir uns das Ökosystem bewahren und ausreichend vor Zerstörung schützen.

DARF ICH EIN FEUER MACHEN?

Feuer ist ausschließlich an gekennzeichneten Plätzen und nur nach vorheriger Abklärung des Waldbrandrisikos erlaubt. Durch Trockenheit kann es zu Bränden kommen. Der Deutsche Wetterdienst (DWD) informiert über das Risiko von Waldbränden. Entdeckt man selbst einen Brand, unbedingt sofort der Feuerwehr melden!

WEGE VERLASSEN

Grundsätzlich gilt das freie Betretungsrecht in der Natur und im Wald. Trotzdem muss man darauf aufpassen, der Natur keinen Schaden zuzufügen. Verlasst die Wege deshalb nur, wenn es wirklich nötig ist! In Naturschutzgebieten oder anderen fragilen Flächen kann es sein, dass dieses Recht nicht oder nur eingeschränkt gilt. Hier gibt es meist eine Beschilderung, die einen auf die besonderen Regeln hinweist.

RAUCHEN IM WALD

In manchen Bundesländern herrscht ein Rauchverbot in der Waldbrandsaison (1.März–31.Oktober) in manchen sogar ganzjährig. Aber auch unabhängig davon ist das Rauchen im Wald tabu. Vor allem gehören Zigarettenstummel nicht in den Wald.

BEGEGNUNG MIT WILDTIEREN

Die Wildtiere in unseren Wäldern sind generell scheu und meiden den Menschen. In seltenen Ausnahmefällen reagieren Wildschweine wehrhaft. Dies kommt lediglich vor, wenn die Tiere sich in die Enge getrieben fühlen und ihren Nachwuchs schützen wollen. Begegnet man Wildschweinen, sollte man durch lautes Reden auf sich aufmerksam machen und einfach weiter spazieren, ohne sich den Tieren zu nähern. Das Wildschwein sollte Spaziergänger*innen wahrnehmen können und nicht überrascht werden. Durch lautes Sprechen kann das Tier hören, dass man sich entfernt. Ähnlich

sollte man sich auch verhalten, wenn man einem Wolf begegnet. Das ist in Deutschland nach wie vor selten, und die Tiere halten meist Abstand von Menschen. Sollte man aber doch einen Wolf sehen: ruhig bleiben, aber laut werden, und dem Tier eine Rückzugsmöglichkeit geben. Falls man einen Hund dabei hat, sollte man den bei allen Wildtierbegegnungen anleinen!
Außerdem: Keine Tierbabys anfassen! Manche Tierarten lassen ihre Jungen allein zurück, um auf Nahrungssuche zu gehen. Riechen die Kitze, Frischlinge und Welpen nach Mensch, kann es sein, dass die Elterntiere sie verstoßen.

MÜLL IM WALD

Müll wird natürlich nicht in der Natur entsorgt: Leave nothing but footprints, take nothing but pictures. Findest du fremden Müll im Wald, freut der sich, wenn du ihn davon befreist und ihn mitnimmst.

Bei Gartenabfällen geht es zwar um Pflanzen und Grünzeug, sie in den Wald zu werfen ist aber genauso wenig okay wie bei Plastik.

HUNDE IM WALD

Während der Brut- und Setzzeit (ca. April–Juli) gilt eine Leinenpflicht für Hunde. Generell sollte ein Hund aber im Wald nicht frei laufen, da sonst wilde Tiere aufgeschreckt werden. Hinterlassenschaften vom Hund bitte nicht nur in der Stadt, sondern auch von Feldern und Wegen entfernen.

Die Anzahl der Hunde in Deutschland nimmt immer weiter zu. Der Wald bietet nicht nur uns, sondern auch unseren vierbeinigen Freunden einen wunderbaren Ort für Spaziergänge oder Wanderungen. Umso wichtiger ist es, dass man sich vorher informiert, ob der Hund ohne Leine laufen darf oder nicht. In Nationalparks, Naturschutzgebieten und teilweise auch Landschaftsschutzgebieten gilt stets eine Leinenpflicht. Doch in jedem Bundesland gibt es andere Bestimmungen. Dabei geht es nicht nur um den Leinenzwang und die damit verbundenen Bußgelder. Jäger*innen haben in Deutschland in fast allen Bundesländern das Recht, wildernde Hunde zu erschießen. In einigen Bundesländern mit Leinenzwang dürfen auch nicht wildernde Hunde getötet werden.

Darüber hinaus sollten sich alle Hundebesitzer*innen darüber im Klaren sein, dass viele Hunde, auch der verschmuste Golden Retriever oder Labrador, gerne jagen. Um die Wildtiere unserer Wälder zu schützen und ihnen Ruhe zu gönnen, ist eine Leine eine gute Möglichkeit. Außerdem besteht insbesondere in der Brut- und Setzzeit die Gefahr, dass die treuen Begleiter schutzlose Jungtiere finden, verletzen oder gar töten.

WUSSTEST DU SCHON ...?

Das Bußgeld für einen freilaufenden Hund im Wald reicht von 2.500 bis 25.000 Euro, je nach Verstoß.

Warnhinweise sind nicht immer Betretungsverbote, aber sie sind immer für unsere Sicherheit.

HINWEISE BEACHTEN

Wenn man Warnschilder findet, nimmt man sie ernst! Oft ist der Grund für ein Verbot leider nicht direkt nachvollziehbar, aber trotzdem wichtig! Bei Fällarbeiten unbedingt vorsichtig sein! Laute Maschinen im Wald sind ein klares Signal dafür, dass man Vorsicht walten lassen sollte und wahrscheinlich Abstand halten muss. Die Maschinenführer*innen können nicht überall hinschauen und es gibt leider immer wieder schwere Unfälle. Außerdem werden bei den Arbeiten nur die bekannten Wege durch Plakate und Absperrungen gesichert. Wenn man die Wege verlässt, zum Beispiel beim Pilzesammeln, muss man also doppelt vorsichtig sein.

DER WALD IM KLIMAWANDEL

Durch den Klimawandel erleiden wir einen massiven Artenverlust.

Waldbrände, Ernteausfälle, Überflutungen – die Auswirkungen der Klimakrise bekommen wir alle zu spüren. In der Politik war dieses Thema zwischendurch auf der Tagesordnung. Na ja, bei manchen mehr und bei anderen weniger. Bereits 2015 hat Deutschland sich zusammen mit vielen anderen Nationen der Welt für die Erreichung des 1,5-Grad-Ziels verpflichtet. Doch die Prognose sieht schlecht aus: Für das Jahr 2024 bestätigte das europäische Erdbeobachtungsprogramm Copernicus, dass die globale Durchschnittstemperatur erstmalig 1,6 Grad über dem vorindustriellen Niveau lag. Was hat das für Auswirkungen auf den Wald?

KLIMAWANDEL KURZ ERKLÄRT

Veränderungen des Klimas werden anhand von Daten analysiert, die über mehrere Jahrzehnte oder sogar Jahrhunderte hinweg gesammelt wurden. Ein einzelner besonders heißer Sommer oder ein Winter mit ungewöhnlich vielen Frosttagen reicht also nicht aus, um von einer Klimaveränderung zu sprechen. Fakt ist: Seit Mitte des letzten Jahrhunderts hat sich unsere Atmosphäre stark erwärmt.

Der Klimawandel, um den es aber hier gehen soll, ist menschengemacht. Die Treibhausgasemissionen haben sich aufgrund der Industrialisierung und des Ausbaus des Verkehrs auf ein kritisches Niveau erhöht.

Wir wollen uns das genauer anschauen. Wir wissen: Wenn Sonnenstrahlen auf die Erdoberfläche tref-

Der Borkenkäfer ist mitverantwortlich für das Absterben der Fichte.

fen, wird es warm. Ein Teil der Wärme wird direkt wieder zurück in das Weltall reflektiert. Der andere Teil wird durch (Treibhaus-)Gase, wie CO_2, in der Luft aufgenommen. Die untere Luftschicht der Atmosphäre erwärmt sich und macht ein Leben auf der Erde erst möglich.

Die relevantesten Treibhausgase sind Methan und Kohlenstoffdioxid. Durch die vermehrte Freisetzung der Gase in die Atmosphäre wird mehr Wärme gespeichert, sodass sich die Atmosphäre weiter aufheizt. Die Konsequenzen daraus sind beispielsweise Hitzewellen, Trockenheit und Stürme. Interessanterweise könnte es bei uns aber auch kälter werden. Das hat mit dem Golfstrom zu tun, der für das milde Klima in Nordeuropa sorgt. Durch den Klimawandel schmelzen die Gletscher und es gelangt eine große Menge Süßwasser in den Atlantik. Der sensible Golfstrom kann dadurch durcheinandergeraten und unser Klima maßgeblich verändern.

Eins ist klar: Wie sich alles weiterentwickeln wird, ist sehr ungewiss. Selbst die schlausten Wissenschaftler*innen können diese Frage nur vage beantworten. Für uns Förster*innen ist die Entwicklung des Klimas extrem entscheidend. Unsere waldbaulichen Entscheidungen müssen auch noch in einigen Jahrzehnten mit dem dann herrschenden Klima verträglich sein. Für die Zukunft sind verschiedene Szenarien denkbar. Welches davon eintritt, hängt ganz davon ab, wie wir unser Verhalten in den nächsten Jahren verändern und ob hinreichende Maßnahmen getroffen werden, die den Klimawandel abmildern können.

DAS BRAUCHEN BÄUME

Vor allem geht es den Bäumen um zwei Dinge: die Nährstoffversorgung und die Wasserverfügbarkeit. Im Zuge des Klimawandels verändert sich neben der Temperatur hauptsächlich die Wasserversorgung der Bäume. Durch weniger Sommerniederschläge während der Vegetationsperiode leiden die Bäume unter Wassermangel und sind geschwächt.

Erste Anzeichen eines Wassermangels erkennt man an vertrockneten Blättern im oberen Kronenbereich. Die Bäume haben nicht mehr genügend Wasser zur Verfügung, um es von den Wurzeln bis ganz nach oben zu pumpen. In späteren Vertrocknungsstadien wirft der Baum auch die Früchte oder ganze Äste ab.

Frühzeitiger Laubfall führt zu lichteren Kronen, die den Wald nicht mehr so gut kühlen können. Durch die lange Trockenheit kann der Boden weniger Wasser aufnehmen. Der Grundwasserspiegel sinkt, und die Wurzeln der Bäume haben es schwer, an das noch verfügbare Wasser zu kommen. Ein Teufelskreis. Außerdem steigt die Waldbrandgefahr und die Anzahl an tatsächlichen Waldbränden. Aber es geht noch weiter: Geschwächte Bäume sind auch anfälliger für Schädlingsbefall. Eine

Fichte wird beispielsweise vom Kupferstecher (*Pityogenes chalcographus*) und Buchdrucker (*Ips typographus*) befallen. Allgemein sind sie als Borkenkäfer bekannt. Bedingt durch die Reinbestände und fehlende Gegenspieler, kommt es zur Massenvermehrung. Aber auch andere Bäume sind von Schädlingen betroffen, wie zum Beispiel die Buche oder die Eiche.

Unsere Bäume sollen den Klimawandel natürlich möglichst überleben, aber auch Totholz ist wichtig.

Das führt nicht nur zu finanziellen Schäden – auch die Artenvielfalt leider darunter. Wärmeliebende Arten breiten sich aus und verdrängen die heimische Flora und Fauna. Bäume können sich zwar an neue klimatische Verhältnisse anpassen. Das ist ein ganz natürlicher Prozess. Doch bei der Geschwindigkeit, in der sich das Klima zurzeit verändert, kommen unsere Bäume leider nicht hinterher.

WIE BÄUME UNS RETTEN KÖNNEN

Obwohl der Wald unter den Auswirkungen des Klimawandels leidet, leistet er gleichzeitig einen wichtigen Beitrag zu dessen Bekämpfung. Durch die Verdunstung von Wasser kühlt er die Luft und reinigt sie gleichzeitig. Waldböden sind sehr gute Wasserspeicher – viel bessere als verdichtete landwirtschaftliche Flächen oder gar versiegelte Siedlungsgebiete. Und der wohl wichtigste Effekt: Wälder speichern Kohlenstoff. Bei der Fotosynthese entziehen Bäume CO_2 aus der Luft und produzieren Sauerstoff. Der Kohlenstoff wird dann im Holz gebunden und langfristig gespeichert.

Durch Dürre, Abholzung und Krankheiten werden Bäume geschädigt, und der gespeicherte Kohlenstoff wird in großen Mengen in die Atmosphäre freigesetzt. Deshalb sind Förster*innen seit vielen Jahren dabei, die gefährdeten Wälder in klimaresiliente Mischwälder umzubauen. Mancherorts mögen die Umbaumaßnahmen noch nicht zu erkennen sein, da Bäume nur sehr langsam wachsen. Der Waldumbau wird somit mehrere Jahrzehnte in Anspruch nehmen. Bei der Auswahl von geeigneten Bäumen setzen die meisten Förster*innen auf eine bunte Mischung. Fällt eine dieser Baumarten in einigen Jahren durch Trockenheit oder einen Krankheitserreger aus, dann bleiben noch genügend andere Baumarten übrig, die den Ausfall einer einzelnen Art kompensieren können.

Der Waldboden ist ein Wasserspeicher und -filter.

WAS KÖNNEN WIR TUN?

Neben den vielen Möglichkeiten im Alltag CO_2 einzusparen, ist es wichtig, dass das produzierte Holz möglichst lange in der Wertschöpfungskette erhalten bleibt. Wenn du also hochwertig verarbeitete Holzmöbel kaufst und diese lange verwendest, ist das schon mal ein Anfang. Der Kauf von Secondhand-Möbeln hilft ebenfalls dabei, dass diese nicht auf dem Sperrmüll landen. Achte auch auf die Herkunft des Holzes.

Importe aus Übersee sind teilweise deutlich günstiger als bei uns hergestellte Holzwaren. Jedoch haben diese einen langen, klimaschädlichen Schiffstransport hinter sich und werden oft im Kahlschlagverfahren geerntet. Ein gutes Indiz für nachhaltig produziertes Holz ist ein Zertifikat, wie zum Beispiel das PEFC- oder FSC-Siegel.

WARUM IST UNSER WALD SO KAHL?

Vielleicht hat sich auch der Wald bei dir ums Eck in den letzten Jahren optisch verändert. Dort, wo früher viele Bäume eng beieinander standen, ist die Fläche nun kahl. Leider ist dieses Bild vielerorts Realität.

EIN BLICK ZURÜCK

Eine Fichte wird, je nachdem wie dick sie ist, im Alter von 80 bis 100 Jahren gefällt. Dieser Zeitraum wird von Förster*innen Umtriebszeit genannt. Unser heutiger Wald entstand demnach vor ungefähr 80 bis 100 Jahren. Was war zu dieser Zeit in Deutschland los?

Damals, in der Nachkriegszeit, gab es einen großen Bedarf an Bauholz. Zum einen wurde es für die Reparationszahlungen an die Alliierten benötigt, und zum anderen diente es dem Wiederaufbau der zerstörten Städte. Hinzu kommt, dass die Nationalsozialisten während des Krieges den Wald weitestgehend ausgebeutet hatten.

Hier war mal Wald.

WUSSTEST DU SCHON …?

Die Hasel (Corylus avellana) war nach der letzten Eiszeit die Hauptbaumart in Europa, wie es heute die Buche ist. Damals gab es Wälder aus Haselnuss-Sträuchern, bis sie von der Eiche abgelöst wurden.

NOTLÖSUNG: FICHTE

Die Lösung fanden die Förster der damaligen Zeit in der Fichte (*Picea abies*). Die Gemeine Fichte ist eine schnell wachsende Baumart, die dabei vor allem schön gerade wächst. Außerdem kommt sie ziemlich gut mit den verschiedensten Standorten zurecht. Allerdings ist die Fichte in Deutschland lediglich in Gebirgslagen heimisch, wie zum Beispiel in den Alpen oder im Harz. Trotzdem pflanzten die Förster viele dieser Bäume in Monokulturen bzw. Reinbeständen im kompletten Land. Rückblickend können wir mit unserem neu erworbenen Wissen natürlich urteilen und feststellen, dass das vielleicht nicht die beste Idee war, was wir an den riesigen, abgestorbenen Fichtenwäldern im Bayerischen Wald, Harz und ganz Deutschland sehen. Damals wussten die Leute wahrscheinlich nichts vom Klimawandel und noch weniger von dessen Auswirkungen auf den Wald.

WUSSTEST DU SCHON ...?

Traurig, aber wahr: Wissenschaftler*innen haben festgestellt, dass unser Wald in Deutschland zu einer Kohlenstoffquelle geworden ist – das heißt, dass er mehr Kohlenstoff abgibt, als er aufnimmt. Bei einem gesunden Wald ist es eigentlich genau andersherum.

Es gibt aber auch gute Nachrichten: Die Wälder werden strukturreicher! Das bedeutet zum einen, dass die Wälder aus unterschiedlich alten Bäumen bestehen, die unterschiedlich hoch sind (vertikale Struktur). Zum anderen heißt es, dass die Wälder aus verschiedensten Baumarten zusammengesetzt sind (horizontale Struktur). Diese Vielfalt erzeugt so etwas wie eine Kettenreaktion: Strukturreichtum führt zu einer Vielfalt von Arten und genetischem Material, wodurch das Ökosystem des Waldes besser auf Veränderungen der Umwelt reagieren kann. Trotzdem hat der Wald Hilfe nötig, weil das Klima sich schneller ändert, als der Wald sich natürlicherweise anpassen kann. Daher müssen wir ihm zum Beispiel mit Baumpflanzungen unter die Arme greifen, damit der Wald schneller strukturreich wird.

Die Eiche gilt als Hoffnungsträgerin im Klimawandel, weil sie relativ gut mit Trockenheit zurechtkommt.

EIN LICHT IM WALD

Wissenschaftler*innen beschäftigen sich mit der Frage, welche Baumarten in Zukunft gut an die Bedingungen in Deutschland angepasst sein werden. Dazu gibt es sogar schon einige Ergebnisse. Trotzdem braucht die Forschung viel Zeit; schon allein, weil Bäume unglaublich alt werden können und sehr langsam wachsen.

Allerdings reicht es nicht aus, unsere Wälder klimastabil umzubauen, damit sie weiter unsere Bedürfnisse decken. Auch wir als Gesellschaft und jede*r einzelne für sich steht in der Pflicht, das Konsumverhalten zu überdenken und zu ändern. Wir müssen unsere Bedürfnisse an die vorhandenen Ressourcen koppeln.

EINEN BAUM PFLANZEN IST NICHT GENUG

Noch nie war es so wichtig, der Natur ein wenig unter die Arme zu greifen, wie zur heutigen Zeit. Freiflächen sollen wieder mit klimastabilen Baumarten bewaldet und umgebaut werden. Unzählige Unternehmen und Vereine unterstützen diese gewaltige Aufgabe mit Spendengeldern oder rufen zu Pflanzaktionen auf. Jede*r einzelne kann mithelfen und anpacken. Aber wie geht es danach weiter? Reicht das schon aus, um unsere Wälder klimaresistenter zu machen?

BLICK IN DIE ZUKUNFT

Doch wie entscheidet man, welche Baumarten auf einem Standort gut wachsen können? Die Herausforderung ist, dass nicht nur die jetzigen Klimabedingungen, sondern auch diejenigen in 100 Jahren eine Rolle spielen. Hier müssen sehr viele Aspekte bedacht werden und nicht alles lässt sich mit an Sicherheit grenzender Wahrscheinlichkeit voraussagen. Denn niemand weiß genau, wie sich unser Klima entwickeln wird.

ES SPRIESST UND GEDEIHT

Pionierbaumarten machen gerne den ersten Schritt: Auf (neuen) freien Flächen breiten sich diese Baumarten als erste aus. Sie haben leichte und viele Samen, die sich gut verbreiten, wachsen meist schnell und kommen gut mit viel Sonne und wenig Nährstoffen klar.

Hier wurden Douglasien auf einer Kalamitätsfläche gepflanzt.

So kann man vermeiden, dass Rehböcke und Hirsche ihr frisches Geweih an den Bäumen reiben und diese verletzen.

Förster*innen müssen die gepflanzten Bäumchen gut schützen, denn die ganze Arbeit soll ja nicht umsonst gewesen sein.
Ältere Bäume können da schon etwas mehr wegstecken. Solche Schutzmaßnahmen können beispielsweise die Umzäunung der bepflanzten Fläche, der Schutz von einzelnen Bäumen oder auch scharfe Bejagung an dieser Fläche sein. Jede Maßnahme hat verschiedene Vor- und Nachteile, welche die Förster*innen gut abwägen müssen.

BÄUME WERDEN GROß …

Die Pflanzaktion gilt als gesichert, wenn die Bäume so groß sind, dass kein Verbiss mehr am Terminaltrieb droht – dem obersten und wichtigsten Teil der Pflanze. Die sensibelste Phase des Baumlebens ist damit überstanden und es kann erst mal durchgeatmet werden.

Meist werden tausend Bäume in einer Aktion gepflanzt, damit möglichst viele gesunde Bäume heranwachsen. In den ersten Jahrzehnten ist es sehr wichtig, dass die Bäume nur ganz wenig Platz haben und gegenseitig konkurrieren. Das unterstützt die Bildung von wertvollem Holz, da sich im unteren Teil des Stammes so weniger Äste bilden und die Bäumchen schnell in die Höhe sprießen. Nach mehreren Jahrzehnten sind die kleinen Bäumchen so groß geworden, dass nicht mehr genug Licht für alle zur Verfügung steht.

… FÖRSTER*INNEN ÜBERNEHMEN WIEDER

Ab dieser Lebensphase sollen die Bäume eine große Krone ausbilden, damit sie optimal wachsen können. Das ist der Zeitpunkt, an dem die Förster*innen wieder tätig werden. Besonders gesunde und gut gewachsene Bäume werden ausgewählt und markiert. Diese so genannten Zukunftsbäume werden von nun an gezielt gefördert. Bei einer Durchforstung werden andere Bäume, die unseren Zukunftsbäumen zu viel Platz und Licht wegnehmen, aus dem Bestand genommen. Nun können sie wieder gut weiterwachsen.
Eichen beispielsweise sind gut geeignet, um auf einer Freifläche gepflanzt zu werden. Weitere Lichtbaumarten sind beispielsweise Lärche und Kiefer. Um die Eichen mit anderen Baumarten mischen zu können, muss man wissen, wie schnell andere Baumarten wachsen. Lichtbaumarten wachsen in ihrer Jugend relativ schnell. Nach wenigen Jahrzehnten werden sie von Schattbaumarten wie der Tanne oder der Buche überwachsen, die zur gleichen Zeit gepflanzt wurden. Die Eichen würden absterben. Deshalb gibt man ihnen einen Vorsprung, um ihr Überleben zu sichern.

EXKURS:

Wie Wälder Wasser speichern und vor Hochwasser schützen

Niederschläge bleiben seit einiger Zeit in Deutschland meist über lange Zeiträume aus. Durch extreme Hitzewellen trocknet der Waldboden aus und die Bäume leiden unter Trockenstress. Und plötzlich kommen Starkregenereignisse: Der Waldboden kann das Wasser kaum aufnehmen, weil er durchs Austrocknen knochenhart ist. Das Wasser rauscht in den nächsten Bach und dieser in den nächsten Fluss, und in der umliegenden Ortschaft kommt es zu einer Überschwemmung. Aber wieso eigentlich? Wie kann der Wald Wasser speichern und wieso kann er nicht alles aufnehmen? Und wie kann man den Wald vor Hochwassern schützen?

WIE WALD WASSER SPEICHERT

Der Waldboden schafft die Basis für ein gesundes Waldleben, denn er ist der Teil des Waldes, auf dem alles wachsen und leben kann.
Dabei ist Boden nicht gleich Boden: Sandboden in Brandenburg ist etwas anderes als Tonboden in Göttingen. Es gibt trockene und nasse Böden, reiche und arme Böden. Boden besteht zum Großteil aus verwittertem Gestein, welches zum Beispiel durch Frost, Reibung oder Wasser nach und nach zersetzt wird. Es entstehen drei Kategorien an Korngrößen: Sand, Schluff und Ton.
Sand ist sehr grob: Wenn man ihn zwischen den Fingern reibt oder ihn in den Mund nimmt (alter Witz von Bodenkundler*innen) dann knirscht es. Schluff dagegen ist deutlich feiner. In den Fingerrillen setzt er sich wie feiner Mehlstaub ab. Ton ist noch kleiner und noch feiner.

Diese Teilchen liegen nun dicht an dicht im Boden aneinander. Und dazwischen entstehen Hohlräume.
Zwischen diesen ganzen Körnern sind unterschiedlich große Hohlräume. In der Bodenkunde sagt man Poren dazu. Es gibt Grobporen, Mittelporen und Feinporen. Und dort wird das Wasser gespeichert.

Wald kann verhindern, dass dieses Wasser das nächste Dorf überschwemmt.

WIE PFLANZEN WASSER TANKEN

Die Grobporen sind so groß, dass das Wasser hindurchfließen kann. Ähnlich wie bei einem Rohrsystem fließt das Wasser von der Oberfläche des Waldbodens Richtung Grundwasserspiegel. Und auf diesem Weg trifft es immer wieder auf Mittelporen. Hier bleibt das Wasser hängen. Denn hier überwiegt die Adhäsion: die Kraft, oder den Zustand, in dem Wasser an einer Oberfläche haften bleibt. Wie ein Regentropfen am Grashalm bleibt das Wasser an den Bodenpartikeln hängen.

Wenn das Wasser nun an einer Mittelpore „kleben" bleibt, ist es dort für Pflanzen verfügbar. In diese Mittelporen können die Bäume Wurzeln schlagen und dort das Wasser herausziehen.

Und dann gibt es noch das sogenannte Totwasser. Das liegt in den Feinporen. Hier wird das Wasser so stark festgehalten, dass es nicht mehr durch den Baum aufgenommen werden kann.

UNTERSCHIEDLICHE BÖDEN

Auch die Zusammensetzung des Bodens variiert: Nehmen wir unseren Sandboden aus Brandenburg. Viele große Teilchen und viele grobe Hohlräume, durch die das Wasser nur so rauscht. Regnet es, kann der Waldboden das Wasser nur zu einem geringen Teil festhalten. Die Böden sind also tendenziell immer trockener als beispielsweise die Böden in Göttingen (unter der Annahme, dass es gleich viel regnet). Denn in Göttingen sind viele kleine Schluff-Teilchen im Boden. Diese bilden mittelgroße Poren, in denen das Wasser festgehalten wird und lange für den Wald zur Verfügung steht.

WUSSTEST DU SCHON ...?

Mit der Korngröße hängt auch die Nährstoffspeicherfähigkeit zusammen. Je kleiner die Teilchen, desto höher die spezifische Oberfläche. Kleinere Teilchen bedeuten mehr Oberfläche und damit auch mehr Platz für Nährstoffe, die sich dort anheften und später von Pflanzen aufgenommen werden können. Daher spricht man von „armen Sandböden" und „reichen Tonböden".

Waldboden besteht natürlich nicht nur aus Sand, Schluff und Ton. Auch Pflanzenteile, kleine Tierchen, Pilzhyphen und vieles mehr bilden gemeinsam den Boden.

NUN ZUR PRAXIS

Zuerst einmal sollten Wälder dunkel gehalten werden. Ein Kahlschlag oder das Fällen vieler Bäume gleichzeitig lässt die Sonne ungebremst in den Wald und auf den Waldboden scheinen und trocknet ihn dadurch aus. Und wenn Boden einmal richtig ausgetrocknet ist, braucht er sehr lange, bis er wieder seine volle Speicherkapazität entfalten kann. Kommt es nach langer Trockenheit also zu starken Regenfällen, kann der Boden das Wasser kaum aufnehmen und der Regen fließt oberirdisch in den nächsten Fluss ab. Ausgetrocknete Böden verstärken Hochwasserereignisse.

Die Wälder sollten außerdem aus vielen Schichten und unterschiedlichen Baumarten bestehen. Nicht nur der Waldboden, sondern auch das Kronendach funktioniert wie ein Schwamm. Fällt viel Regen, dringt nicht alles gleichzeitig in den Boden ein, sondern wird vom Kronendach aufgehalten und tropft nach und nach auf den Waldboden. So kann der Boden das Wasser langsam aufnehmen und langfristig speichern.

Außerdem sollte der Boden nicht zu stark von Maschinen befahren werden. Denn ein Schwamm, den man richtig zusammenpresst, kann auch kein Wasser aufnehmen.

FAQ

LEIDEN TIERE AUCH UNTER DEM KLIMAWANDEL?

Ja, vor allem dadurch, dass ihr Lebensraum bedroht ist. Ähnlich wie wir Menschen haben Tiere eine Wohlfühltemperatur und leiden auch unter großer Hitze. Die größere Bedrohung geht für sie aber davon aus, dass der Wald aufgrund des Klimawandels stirbt. Lebensräume verschwinden und die Tiere werden immer weiter in ihrer Bewegung eingeschränkt. Sie können sich nicht mehr so vermehren, wie es für eine stabile Population nötig wäre. Auch die Futter- und Wassersuche kann schwieriger werden.

GIBT ES „DIE“ EINE SUPER-BAUMART, DIE DEM KLIMAWANDEL AUF JEDEN FALL TROTZEN WIRD?

Nein. Wie sich der künftige Wald im Laufe der Zeit entwickeln wird und wie sich der Klimawandel auswirkt, ist schwer vorherzusagen. Daher kann es keine perfekt vorbereitete Baumart geben. Es gibt aber natürlich Arten, die besser mit steigenden Temperaturen und Trockenheit klarkommen. Einige davon sind hier schon heimisch, ein paar wurden aus jetzt schon wärmeren und trockeneren Regionen der Welt übergesiedelt. Bei den Neulingen gilt noch zu beobachten, wie gut sie in unsere Ökosysteme passen.

Eine heimische, klimastabile Baumart ist zum Beispiel die Traubeneiche. Eine fremde Baumart, auf die man auch hier hofft, ist beispielsweise die Schwarzkiefer.

WARUM WOLLEN WIR TOTE BÄUME IM WALD?

Bäume leben mehrere hundert Jahre lang. Trotzdem ist im Wald noch Platz, dass auch tote Bäume herumstehen. Förster*innen lassen sie stehen, obwohl mit ihnen kein Geld mehr verdient werden kann. Das liegt daran, dass ein toter Baum Lebensraum für unzählige Arten bietet. Von der Spechthöhle bis hin zu kleinen Käfern und noch viel kleineren Organismen leben viele Tiere, Pilze und Pflanzen in diesen sogenannten Habitatbäumen. Damit der Wald als Ganzes funktioniert, ist er auf alle Organismen angewiesen. Habitatbäume stehen zu lassen, schützt die Natur und auch Förster*innen profitieren indirekt, weil der Wald so gesünder und widerstandsfähiger ist, und das Ökosystem im Gleichgewicht bleibt.

KANN DER WALD DAS KLIMA RETTEN?

Es wäre schön, wenn der Wald uns die Probleme des Klimawandels abnehmen könnte, aber leider zeigt die Realität ein völlig anderes Bild. Wir müssen den Wald im Klimawandel retten. Ja, der Wald bindet Kohlenstoffdioxid, aber nicht annähernd genügend, um unsere Emissionen zu kompensieren. Es bleibt also bei dem Fazit: Wir Menschen müssen das Klima retten, indem wir unsere Emissionen verringern.

WAS MACHT DER KLIMAWANDEL MIT DEM WALD?

Die Winter werden milder, die Sommer und somit die Vegetationsperiode werden länger, es gibt weniger Frost und häufiger anhaltende Hitze und Trockenheit. Kurz gesagt: Die Wachstumsbedingungen für die Bäume ändern sich. Einerseits gibt es Baumarten, die krank werden und auch absterben. Da gehört die Fichte in tieferen Regionen dazu, aber auch die heimische Rotbuche. Wir haben also mehr Totholz und zum Teil weniger Baumarten in der Fläche. Andererseits verschieben sich dadurch auch die Konkurrenzverhältnisse. Arten, die viel Wasser benötigen, haben es schwerer, zu überleben.

WIE VERÄNDERT SICH DER WALD IM KLIMAWANDEL?

Der Wald muss widerstandsfähig sein, um trotz Klimaveränderungen gesund zu bleiben. Der wichtigste Punkt dabei ist die Ansiedelung ganz vielfältiger Baumarten, da wir immer wieder einzelne Arten durch Klimaänderungen oder auch durch Insektenbefall verlieren. Eine hoffnungsvolle Alternative bieten die sogenannten fremdländischen Baumarten. Also jene Bäume, die ursprünglich nicht aus Deutschland kommen, aber mit den künftigen Bedingungen zurechtkommen. Baumarten, die bereits weit verbreitet sind, sind die Roteiche oder auch die Douglasie.

WALD ENTDECKEN

BÄUME ZU UNTERSCHEIDEN IST GAR NICHT SO EINFACH. *Und nicht nur das – in unseren Wäldern lebt und wächst noch so viel mehr! Von großen Sträuchern über kleine Kräuterpflanzen, von Vögeln wie dem Turmfalken bis hin zu klassischen Waldtieren wie dem Reh: In diesem Kapitel stellen wir dir typische Arten des deutschen Waldes vor – ohne Anspruch auf Vollständigkeit, dafür gespickt mit den wichtigsten Merkmalen und Besonderheiten. Und das Schöne ist: All diesen Tieren und Pflanzen können wir tatsächlich im Wald vor unserer Haustür begegnen.*

WELCHE BÄUME STEHEN IN UNSEREN WÄLDERN?

LINDE
'WINTERLINDE'
TILIA CORDATA

ERKENNUNGSMERKMALE

BLÄTTER: Die Winterlinde hat kleine, herzförmige Blätter, die circa 5-8 cm groß sind, mit einer dunkelgrünen, glänzenden Oberfläche. Der Blattrand ist leicht gesägt und die Blattunterseite behaart, mit vereinzelten kleinen, rötlich gefärbten Haarbüscheln.

BLÜTEN: Linden blühen Ende Juni bis Ende Juli und tragen ab einem Alter von etwa 20–30 Jahren zum ersten Mal Früchte.

FRÜCHTE: Die Linde ist einhäusig. Das bedeutet, dass an einem Baum beide Geschlechter vorkommen. Die Früchte sind ziemlich klein, graubraun gefärbt und von einer dünnen Filzschicht umgeben. Sie sitzen an einem kleinen Flügelblatt, das aussieht wie ein kleiner Propeller, und können so durch den Wind weitergetragen werden.

RINDE: Die Rinde des Baumes ist graubraun gefärbt und hat rissige Einkerbungen.

BEVORZUGTER STANDORT

Die Linde mag frische und nährstoffreiche Standorte mit ausreichend Wärme und Sonne. Bei ausreichender Bodenfeuchte kommt die Linde sogar gut mit Hitze klar. Man findet die Linde in Hang- und Schluchtwäldern, in Auwäldern, aber auch als Feldgehölz im Offenland. Außerdem ist die Linde ein beliebter Allee-, Park- und Stadtbaum.

HERKUNFTSREGION

Vom Atlantik über Nord- und Mitteleuropa bis nach Sibirien.

HOLZNUTZUNG

Früher nutzte man Linden zum Beispiel zum Flechten von Matten. Das Holz von Lindenarten gilt als biegsam und leicht bearbeitbar. Heutzutage nutzt man das Holz deshalb für Drechselarbeiten, Musikinstrumente oder im Holzbildhau. Beispielsweise wird die Vorderseite von Kuckucksuhren aus Lindenholz hergestellt. Insgesamt werden jährlich schätzungsweise 5000 m^3 Lindenholz in Bildhauerei und Schnitzerei verarbeitet!

KLIMAWANDEL

Aktuell gilt die Winterlinde als Hoffnungsträgerin. Aufgrund ihrer höheren Toleranz gegenüber Wärme und Trockenheit, wird sie vermutlich besser mit dem Klima der Zukunft zurechtkommen als andere Baumarten.

BESONDERHEIT

Die andere hier weit verbreitete heimische Lindenart ist die Sommerlinde. Die Unterscheidung erfolgt anhand der Blätter: Die der Sommerlinde sind beidseitig mit weißen Härchen behaart und sind mit bis zu 15 cm deutlich größer als die der Winterlinde.

KIRSCHE

'VOGELKIRSCHE'

PRUNUS AVIUM

ERKENNUNGSMERKMALE

BLÄTTER: Die Blätter der Vogelkirsche sind am Rand gesägt und lang-oval geformt, am Ende laufen sie spitz zu. Die Blattoberseite ist grün und heller als die Unterseite.

BLÜTEN: Die Blüten sind weiß.

FRÜCHTE: Ab Juni/Juli reifen an den Bäumen tiefrote, fast schwärzlich gefärbte Kirschen. Sie sitzen an einem langen Stiel, sind deutlich kleiner als die Früchte der Süßkirsche (etwa erbsengroß) und schmecken im Gegensatz zu ihr etwas bitter

RINDE: Die Vogelkirsche ist anhand ihrer Rinde recht einfach zu erkennen: Sie hat farblich abgehobene Querstreifen, auch Lentizellen genannt. Die Lentizellen werden bei fortschreitendem Alter der Bäume immer deutlicher und größer. Man spricht auch von der sogenannten Ringelborke. Vogelkirschen werden in der Regel 15 bis 20 m hoch..

BEVORZUGTER STANDORT

Die Kirsche wächst besonders gut auf nährstoffreichen und frischen, also gut mit Wasser versorgten, Böden. Sie kommt aber auch mit trockeneren Standorten zurecht. Die Kirsche ist eine wärmeliebende und lichtbedürftige Baumart. Man findet die Vogelkirsche im Wald- oder an Waldrändern, aber auch als Hecken- oder Feldgehölz.

HERKUNFTSREGION

Ihr natürliches Verbreitungsgebiet erstreckt sich über fast ganz Europa, von den Pyrenäen bis zum Kaukasus. Dabei besiedelt die Art Höhen von bis zu 1.700 m.

HOLZNUTZUNG

Man erkennt das Holz an seiner rötlich-braunen Farbe. Oftmals hat das Holz auch einen leichten Grünstich, wodurch man es gut von anderen Obstgehölzen unterscheiden kann. Die Kirsche ist ein Edellaubholz und besonders wertvoll. Sehr beliebt ist ihr schönes Holz als Furnier- aber auch Massivholz, welches zur Verkleidung von Möbeln, im Innenausbau für Parkett oder Vertäfelungen, für Drechselarbeiten und den Bau von Musikinstrumenten genutzt wird.

KLIMAWANDEL

Aufgrund ihrer Wärme- und Trockenheitstoleranz geht man davon aus, dass die Vogelkirsche auch künftig gut wachsen und mit den Herausforderungen des Klimawandels zurechtkommen wird.

BESONDERHEIT

Förster*innen schätzen die Kirsche für die Gestaltung des Waldrandes, weil sie vielen Tieren Nahrung bietet. Zur Zeit der Blüte ist die Kirsche eine wichtige Nektarquelle für Bienen und andere Insekten. Wenn sie später Früchte trägt, bietet sie außerdem Nahrung für Vögel wie Amseln oder Stare und Säugetiere wie Eichhörnchen, Dachse, Marder oder Füchse.

KIEFER
'WALDKIEFER'
PINUS SYLVESTRIS

ERKENNUNGSMERKMALE

BLÄTTER/NADELN: Die Kiefernadeln gehen immer in Paaren aus einer Basis (Nadelscheide) hervor. Je nach Standort sind sie blaugrün bis gelbgrün gefärbt, ziemlich fest und starr und circirca 2,5–7 cm lang. Die Kronen der Waldkiefer sind relativ unregelmäßig geformt, im oberen Bereich erscheinen sie schirmförmig.

FRÜCHTE: Die Zapfen sind kegelförmig-rundlich, im reifen Zustand dunkelbraun und circa 8 cm groß. Waldkiefern können auf guten Standorten sogar bis zu 40 m groß werden.

RINDE: Die Waldkiefer ist gut an ihrem zweifarbigen Stamm erkennbar. Im unteren Bereich bildet die Borke im Alter sehr grobe und braunrote Schuppen. Weiter oben ist eine eher hellrötlich gefärbte, deutlich feinere Rinde – die sogenannte Spiegelrinde.

BEVORZUGTER STANDORT

Die Waldkiefer hat sehr geringe Ansprüche an ihren Standort, also an die Nährstoff- und Wasserversorgung, und kommt daher gut mit extremen Bedingungen, wie sehr sandigen Böden zurecht.

HERKUNFTSREGION

Das Verbreitungsgebiet der Waldkiefer erstreckt sich über den gesamten eurasischen Raum und reicht dabei vom Polarkreis bis in die Türkei, von Deutschland bis nach Asien. Die Kiefer lebt in Höhen von bis zu 2.000 m und ist damit auch in den Alpen anzutreffen.

ZAPFEN

RINDE

HOLZNUTZUNG

Das Holz ist sehr vielseitig nutzbar und deshalb wird die Waldkiefer neben der Fichte auch als „Brotbaum" der Forstwirtschaft bezeichnet. Das Holz der Kiefer ist vor allem als Bau- und Konstruktionsholz im Innen- und Außenbereich gefragt: Neben Dachlatten, Fenstern, Türen und Dielen werden aber auch Möbel aus Kiefernholz angefertigt. Weniger gute Holzqualitäten gehen in die industrielle Nutzung.

KLIMAWANDEL

Die Kiefer scheint durch ihre hohe Toleranz gegenüber Trockenheit und hohen Temperaturen zunächst gut gewappnet gegenüber den klimatischen Veränderungen. Doch auch die Kiefer wird in Zukunft auf deutlich weniger Bereichen in Deutschland standortgerecht sein. Das bedeutet, dass auch der Anbau der Waldkiefer zunehmend risikoreicher wird. Hinzu kommt, dass die Kiefer in Deutschland immer noch vorwiegend in Reinbeständen vorkommt. Diese Bestände begünstigen einen Befall mit unzähligen Forstschädlingen.

BESONDERHEIT

Die Kiefer ist ein Pionier! Sie besiedelt als typische Lichtbaumart und aufgrund ihrer geringen Standortansprüche als eine der ersten Baumarten entwaldete Flächen.

https://bit.ly/3ZyvOLI

Hier erklärt uns Henning, wie die Diplodia-Krankheit ganze Wälder vernichtet.

FICHTE

'GEMEINE FICHTE'

PICEA ABIES

ERKENNUNGSMERKMALE

Die Fichte kann ein Alter von 600 Jahren, 50 m Höhe und 2 m Durchmesser erreichen. Sie hat eine kegel- bzw. pyramidenförmige Krone, die sich nach oben hin zuspitzt.

BLÄTTER/NADELN: Die Nadeln sind spiralförmig um den Zweig ausgebildet und etwa 10-25 mm lang. Sie sind dunkelgrün gefärbt und laufen spitz zu (pieksig). Übrigens: Die Nadeln der Fichte sind deutlich spitzer als die der Tanne. Ein Merkspruch lautet: Fichte sticht, Tanne nicht.

FRÜCHTE: Die reifen, braunen Zapfen hängen am Zweig nach unten, haben eine längliche Form und sind etwa 10-15 cm lang.

RINDE: Der Stamm ist bei im Wald stehenden Bäumen oftmals circa 15 m astfrei, während die Äste bei Fichten, die einzeln oder am Waldrand stehen, bis tief nach unten am Stamm gehen. Der Stamm der Fichte ist bei jüngeren Bäumen noch relativ glatt und gräulich oder leicht rötlich gefärbt. Mit zunehmendem Alter wird die Rinde dann graubräunlich und bildet kleine, rundliche Schuppen aus.

BEVORZUGTER STANDORT

Die Fichte würde natürlicherweise vor allem in den Alpen oder den Mittelgebirgen vorkommen. Durch ihren geringen Wasser- und Nährstoffbedarf gilt die Fichte als eine genügsame und robuste Baumart, die aber weniger gut mit extremer Trockenheit und Überflutungen oder Staunässe zurechtkommt.

HERKUNFTSREGION

Sie hat ihr natürliches Verbreitungsgebiet im borealen Nadelwald. Dort gibt es lange, schneereiche Winter und kühle Sommer mit wenig Niederschlag. In Deutschland beschränkt sich ihre natürliche Verbreitung auf die höheren Mittelgebirge, wie den Harz oder Schwarzwald und die Alpen.

HOLZNUTZUNG

Früher diente die Fichte vor allem als Brenn- und Bauholz. Heute wird sie zudem zur Herstellung von Paletten sowie von Papier und Zellstoff genutzt. Fichtenholz wird auch für den Bau von Instrumenten und Möbeln verwendet.

KLIMAWANDEL

Sie kommt zwar gut mit Nährstoffmangel und Kälte zurecht, aber nicht mit Trockenheit oder Überflutung. Fichten werden durch Stürme oder lang anhaltende Trockenperioden geschwächt, wodurch sich der Borkenkäfer in Massen ausbreiten kann. Bald wird sich die Baumart wohl wieder vor allem dort finden, wo sie natürlich wachsen würde: im gemischten Gebirgswald, wo es (noch) kalt und niederschlagsreich ist.

BESONDERHEIT

Während der beiden Weltkriege wurden große Waldflächen zerstört. Zudem musste Deutschland im Rahmen der Reparationszahlungen nach dem 2. Weltkrieg 10 % der Waldflächen kahlschlagen und dieses Holz an die Siegermächte abgeben. Die entstandenen Freiflächen mussten wieder bewaldet werden. Man setzte auf die Baumart, die schon die letzten Jahrhunderte gute Dienste geleistet hatte: die Fichte.

https://bit.ly/4qKrWIf

Können wir überhaupt noch Fichten pflanzen, um schnelles Geld zu machen?

ROSSKASTANIE

'BALKAN-ROSSKASTANIE'

AESCULUS HIPPOCASTANUM

ERKENNUNGSMERKMALE

BLÄTTER: Am schnellsten erkennt man die Kastanie an ihren gefingerten Blättern. Meistens sind 5–7 davon an einem Blattstiel.

BLÜTEN: Von Mai bis Juni kann man die cremeweißen Blüten bewundern.

FRÜCHTE: Bis September reifen die Früchte, auch einfach Kastanien genannt, in stacheligen Kapseln. Diese platzen auf, und die Früchte fallen zu Boden. Das sind die glänzend braunen Samen mit weißem Fleck.

RINDE: Der graubraune Stamm der Kastanie hat eine grobe Schuppenborke und Drehwuchs. Drehwuchs bedeutet, dass die Holzfasern nicht gerade, sondern spiralförmig nach oben wachsen.

BEVORZUGTER STANDORT

Die Rosskastanie wächst am liebsten auf halbschattigen bis schattigen Standorten und mag Böden, die frisch bis feucht sind. Sie kommt häufig auf nährstoffreichen Böden vor.

HERKUNFTSREGION

Ihren Ursprung hat die Rosskastanie in den Bergwäldern des Balkans, in Nordgriechenland und Kleinasien. Im 16. Jahrhundert wurde sie in Westeuropa eingebracht.

FRÜCHTE

RINDE

HOLZNUTZUNG

Durch den Drehwuchs ist die Verarbeitung der Kastanie schwierig. Bis jetzt ist noch nicht geklärt, woher dieses Wuchsverhalten bei fast 90 % der Kastanienbäume stammt. Das Holz eignet sich auch nicht besonders gut als Bauholz, da es sehr weich und wenig dauerhaft ist. Beliebt ist es jedoch als Zierholz, zum Beispiel für Klavierbauteile oder Spielzeuge.

KLIMAWANDEL

Seit den 90er-Jahren befällt die Rosskastanien-Miniermotte (*Cameraria ohridella*) die Bäume in Deutschland. Diese 3 mm große Motte legt zur Blütezeit bis zu 100 Eier auf den Blättern ab. Die befallenen Blätter fallen meist durch die Schädigungen im Hochsommer ab und verwelken. Seit 2007 befeuert auch noch das Bakterium *Pseudomonas syringae* das Sterben der Rosskastanie.

BESONDERHEIT

Ob Früchte, Knospen oder Wurzel: Die Kastanie wird schon seit über 400 Jahren als Heilpflanze verwendet. Die Früchte enthalten zum Beispiel Aescin. Dieses Extrakt bildet die Basis für einige Heilmittel, da es durchblutungsfördernd und abschwellend wirken soll. Die Knospen werden in Sonnencremes oder anderen Kosmetika verwendet.

Im Gegensatz zu den Maronen genannten Esskastanien sind die Früchte der Rosskastanie ungenießbar und für uns Menschen sogar schwach giftig. Für verschiedene Tiere bieten sie dagegen wertvolle Nahrung. Sie sind reich an Stärke, ähnlich wie die Kartoffel. Früher wurden die Samen den Pferden als Heilmittel gefüttert, woher auch der Name „Rosskastanie" stammt.

EICHE
'STIELEICHE'
QUERCUS ROBUR

ERKENNUNGSMERKMALE

BLÄTTER: Charakteristisch sind die Blätter der Eiche, die bei unseren heimischen Eichenarten mit ihren vielen Rundungen ein bisschen an die Form von Wolken erinnern. Typischerweise bildet die Eiche viele verzweigte Äste mit einem dichten Blätterdach.

FRÜCHTE: Eichen kann man anhand der Früchte, den Eicheln, bestimmen. Sitzen diese an kurzen Stielen am Trieb, handelt es sich um eine Stieleiche.

RINDE: Sie bildet eine raue Borke und wird bei uns in der Regel 35 m hoch. Die Eiche hat eine besondere Eigenschaft: Äste, die beschädigt wurden und daher abgestorben sind (sogenannte Totäste), wirft sie nicht ab, sondern behält sie am Stamm.

BEVORZUGTER STANDORT

Die Stieleiche findet man vor allem in feuchteren Tiefebenen oder Wäldern, in denen Wasser zu finden ist, wie zum Beispiel in Auwäldern. Die Traubeneiche bevorzugt trockene, wärmere Standorte wie beispielsweise Hügellagen oder tiefere Bergregionen.

HERKUNFTSREGION

Sie kommt vom Süden Italiens bis zu den Britischen Inseln und Skandinavien im Norden vor.

HOLZNUTZUNG

Eichenholz ist im Möbelbau, im Schiffsbau und in anderen Verwendungen sehr begehrt, weil es ein sehr schweres, stabiles und langlebiges Holz ist, das auch unter Feuchtigkeit sehr beständig ist. Die Wein- und Whiskytrinker*innen wissen vermutlich

FRÜCHTE

RINDE

den Wert eines guten Eichenfasses zu schätzen! Auch weil die Eiche relativ langsam wächst (langsamer als viele Nadelbäume), ist das Holz der Eiche recht wertvoll.

KLIMAWANDEL

Für die Eiche gibt es hier relativ gute Nachrichten: Stiel- und Traubeneiche, die beiden verbreiteten heimischen Eichenarten, können beide gut mit etwas wärmeren Temperaturen umgehen. Besonders die Stieleiche ist prima an Klimaextreme angepasst, weil sie gut mit hohen Temperaturgegensätzen (Winterkälte oder Sommerdürre) und anderen Problemen des Klimawandels zurechtkommt. Ein Problem, das leider immer größer wird, ist der Eichenprozessionsspinner. Die Raupe dieses Falters lebt auf Eichen und trägt Brennhaare, die dem Menschen juckende Hautreizungen bescheren.

BESONDERHEIT

Neben der Stieleiche ist in Deutschland auch die Traubeneiche weit verbreitet. Sie mag es etwas trockener und wärmer. Auch ihr Name stammt von der Anordnung ihrer Früchte: Die Eicheln sitzen in Gruppen direkt am Ast, ähnlich wie Weintrauben.

https://bit.ly/4t1Vh2q

Wie man den Eichenprozessionsspinner sinnvoll bekämpft.

https://bit.ly/3O8A46Y

Wie sich Eichen fortpflanzen.

EIBE

'EUROPÄISCHE EIBE'

TAXUS BACCATA

ERKENNUNGSMERKMALE

BLÄTTER/NADELN: An den Nadeln lässt sich die Eibe ganzjährig gut erkennen. Sie sind oben dunkel- und unten hellgrün gefärbt. Die Ansätze der Nadeln laufen ein Stück am Ast entlang.

RINDE: Die Rinde ist nicht schuppig, sondern scheint eher faserig und mediterran. Auffallend sind die roten Samenmäntel. Die Eibe wächst nicht sehr hoch, nur wenige Bäume überragen 20 m. Meist erscheint sie sehr buschig.

Achtung! Alle Teile der Eibe sind giftig, außer der rote Samenmantel.

BEVORZUGTER STANDORT

Die Eibe ist nicht sehr anspruchsvoll, wächst aber besonders gut auf wenig sauren Böden, die ausreichend mit Wasser versorgt sind. In einigen Wäldern steht die Eibe gänzlich unter dichten Kronen anderer Bäume. Sie gilt als die schattentoleranteste Baumart in ganz Europa.

HERKUNFTSREGION

Die Eibe kommt in Europa, Nordafrika und bis in den Süden der Türkei und den Norden Irans vor. In Europa ist ihr Vorkommen auf bestimmte Gegenden mit einzelnen kleineren Beständen zersplittert. Obwohl sie natürlicherweise in Deutschland weit verbreitet wäre, ist sie hier nur selten und daher besonders geschützt. Die meisten Eiben gibt es heute noch in Thüringen und Bayern. Oftmals findet man sie in unzugänglichen Waldgebieten, wie in Schluchten oder an Hängen.

HOLZNUTZUNG

Ihr Holz ist sehr hart und zäh und trotzdem elastisch. Deshalb wurde es früher zum Bau von Waffen verwendet. Tatsächlich waren die unersetzbaren Eigenschaften von Eibenholz für den Langbogenbau so stark gefragt, dass wir nur noch wenige Bäume in unseren Wäldern finden!

KLIMAWANDEL

Die Eibe gilt als sehr dürreresistente Baumart, was ihr im Klimawandel einen großen Vorteil verschafft. Durch starkes Auflichten von Wäldern ist sie aber generell gefährdet.

BESONDERHEIT

Holz und Nadeln der Eibe sind auch für Tiere, besonders Pferde, extrem giftig und sogar tödlich. Deshalb wurde sie vielerorts wie Unkraut behandelt, was ihre Wiederansiedlung erschwert.

https://bit.ly/4t4NLUD

So tödlich ist die Eibe!

BUCHE
'ROTBUCHE'
FAGUS SYLVATICA

ERKENNUNGSMERKMALE

BLÄTTER: Ihre Blätter sind hellgrün und laufen zum Blattende spitz zu.

FRÜCHTE: Bekannt sind vor allem die Früchte der Buche, die Bucheckern.

KNOSPEN: Die Knospen der Rotbuche sind hellbraun und länglich-spitz. So spitz, dass sie pieksen, wenn man mit der Hand dagegen drückt. Die Buche kann bis zu 40 m hoch werden.

RINDE: Buchen haben eine recht dünne, gräuliche und meist glatte Borke.

BEVORZUGTER STANDORT

Buchen wachsen auf kalkreichen (also nicht sauren), eher feuchten Böden besonders gut. Sie sind eine Schattbaumart, wachsen also am besten im Schatten anderer Bäume. Durch die dünne Borke ist sie auch recht empfindlich gegenüber plötzlichen Umgebungsveränderungen: Wenn ein anderer Baum entfernt wird und auf einmal viel Sonne auf den Stamm einer Buche fällt, kann die Borke rissig werden und abplatzen. Die Buche hat dann einen Sonnenbrand.

HERKUNFTSREGION

Ihr Vorkommen reicht vom Süden Skandinaviens bis nach Sizilien im Süden Italiens. In Deutschland nimmt die Rotbuche einen großen Teil unserer Waldfläche ein, sie ist die häufigste Laubbaumart. Ohne menschlichen Einfluss würde sie wahrscheinlich fast überall in Deutschland wachsen.

HOLZNUTZUNG

Die meisten Schüler*innen werden ihre Schulzeit auf Stühlen aus Buchenholz verbracht haben. Ob es der Kochlöffel in der Suppe, das Bücherregal oder die Grillkohle ist – kaum ein Holz wird so vielfältig verwendet wie das der Buche. Das Holz ist sehr dicht und hart und hat einen hohen Brennwert. Es wird also, je nach Qualität des Holzes, im Möbelbau oder auch als Brennmaterial genutzt. Allerdings ist Buchenholz relativ anfällig für Pilze, weswegen man es im Außenbereich nicht ohne eine Imprägnierung nutzen sollte.

KLIMAWANDEL

Die Buche hat zunehmend Probleme mit Trockenheit, Hitze und starker Sonneneinstrahlung. Die sogenannte Buchen-Komplex-Krankheit ist eine Schwächung durch Hitze und Trockenheit, wodurch die Bäume anfälliger für den Befall durch Insekten und Pilze sind.

BESONDERHEIT

Buchen höheren Alters können einen Rotkern ausbilden. Dabei bekommt das Innere des Stamms eine dunkle Färbung. Das kann beim Holzverkauf den Wert mindern, die Verfärbung hat aber keinerlei Auswirkungen auf die Holzqualität. Die Forschung weiß bis heute nicht, wie diese Verfärbung entsteht.

AHORN
'BERG-AHORN'
ACER PSEUDOPLATANUS

ERKENNUNGSMERKMALE

BLÄTTER: Die Blätter des Berg-Ahorns sind sehr markant und kaum zu verwechseln. Lediglich andere heimische Ahorn-Arten, wie der Spitz- oder der Feld-Ahorn, könnten eine Unterscheidung erschweren.

BLÜTEN: Ab April/ Mai beginnt der Berg-Ahorn zu blühen und bildet eine 15 cm lange, traubenartige, hängende Rispe aus.

KNOSPEN: Die Knospe des Berg-Ahorns ist eiförmig und hat grüne Knospenschuppen mit braunem Rand.

RINDE: Die Rinde ist in seiner Jugend unscheinbar glatt, ähnlich der einer Rotbuche. Im Alter wird sie immer schuppiger.

BEVORZUGTER STANDORT

Der Berg-Ahorn ist ein sogenannter Edellaubbaum, er ist also nicht ganz anspruchslos. Man findet ihn bis zur Laubwaldgrenze bei 1.300–2.000 m Höhe. Der Berg-Ahorn bevorzugt lehmige, tiefgründige, humose Böden mit einer guten Wasserversorgung. An die Nährstoffversorgung hat er keine besonders großen Ansprüche. An Standorten, die regelmäßig überschwemmt werden oder saisonal austrocknen, wird sich der Berg-Ahorn aber nicht dauerhaft halten können.

HERKUNFTSREGION

Der Berg-Ahorn ist in ganz Europa und Westasien zu finden. Als typische Gebirgsbaumart liegt sein Verbreitungsschwerpunkt in den mittleren und hohen Lagen der Gebirge in Mittel- und Südeuropa. In Deutschland findet man den Berg-Ahorn sowohl im Harz und im Schwarzwald als auch bis zu Höhen von 1.500 m in den Allgäuer Alpen. Im Tiefland wächst er in Schluchtwäldern.

HOLZNUTZUNG

Das Holz des Berg-Ahorns ist sehr wertvoll. Ein Riegelahorn, mit einem welligen Verlauf der Holzfasern, bringt dabei einen besonders hohen Verkaufswert ein. Das Holz des Berg-Ahorns ist hart, elastisch und mittelschwer. Es lässt sich sehr gut bearbeiten und wird deshalb oft als Werkholz zum Schnitzen oder Drechseln verwendet. Außerdem lassen sich schöne Möbel und Instrumente daraus herstellen. Für den Außenbereich ist es allerdings nicht geeignet, denn es ist nicht sonderlich witterungsfest.

KLIMAWANDEL

Durch den Klimawandel tritt die sogenannte Rußrindenkrankheit immer häufiger beim Berg-Ahorn auf. Die Rinde blättert ab und darunter wird eine schwarze Staubschicht (Pilzsporen) sichtbar. Die Krankheit führt fast immer zum Absterben des Baumes und ist eine Gesundheitsgefahr für den Menschen. Die Sporen des Pilzes können zu Atembeschwerden, Husten und Fieber führen.

BESONDERHEIT

Der Berg-Ahorn ist eine typische Pionierbaumart. Durch seine leichten Samen, die ein wenig wie ein Propeller aussehen, verbreitet er sich mithilfe des Windes sehr schnell.

WELCHE STRÄUCHER STEHEN IN UNSEREN WÄLDERN?

HOLUNDER

'SCHWARZER HOLUNDER'

SAMBUCUS NIGRA

ERKENNUNGSMERKMALE

Der Schwarze Holunder ist ein Strauch mit schwarzen Beeren und weißen Blüten, die im Sommer duften, und aus denen leckerer Holunderblütensirup gezaubert wird. Der Schwarze Holunder ist die größte der Holunderarten und erreicht eine Höhe von bis zu 7 m. Seine jungen Triebe sind oft grün und längsrissig, während ältere Stämme eine korkige Borke bilden.

BLÜTEN: Die Blütenstände des Schwarzen Holunders sind ziemlich platt, wie ein Pfannkuchen, der aus unzähligen kleinen Einzelblüten besteht. Die Blütenstände sehen aus wie kleine weiße Teller, die oft in großer Menge am Strauch wachsen.

FRÜCHTE: Die reifen Beeren sind schwarz, wohingegen die des Roten Holunders rot sind.

BEVORZUGTER STANDORT

Er ist ein anspruchsloses Gewächs und kann daher an den unterschiedlichsten Orten wachsen. Er bevorzugt feuchte Wälder, Hecken und Lichtungen. Zudem ist er oft an Waldrändern zu finden, denn

der Schwarze Holunder fühlt sich in der Sonne oder im Halbschatten wohl. Er ist ein großer Fan von nährstoffreichen Böden.

HERKUNFTSREGION

Das Verbreitungsgebiet des Schwarzen Holunders erstreckt sich beinahe über ganz Europa.

NUTZUNG

Viele Tiere profitieren von dem Strauch. Die Blüten dienen Bienen, bestimmten Käferarten und Fliegen als Mahlzeit und der Holunder freut sich über die Bestäubung. Die Früchte sind eine wichtige Nahrungsgrundlage für Vögel. Dem Holunder helfen die Vögel wiederum, indem sie seine Samen verbreiten. Gesundheitlich kann der Schwarze Holunder einiges. Schließlich ist er nicht ohne Grund zur Heilpflanze des Jahres 2024 ernannt worden. Die Früchte sind vitamin- und mineralstoffreich. Sie sollten jedoch unbedingt abgekocht werden, weil sie sonst Erbrechen und Durchfall hervorrufen können. Am bekanntesten ist der Holunderblütentee. Er wirkt schweißtreibend und hilft gegen Erkältungen. Er kann auch als Holunderblütensirup verzehrt werden. Keine anerkannte Heilwirkung, dafür gut mit Eiswürfeln im Sommer zu genießen.

KLIMAWANDEL

Der Schwarze Holunder ist eine sehr anpassungsfähige und robuste Strauchart und wird wohl auch unter den zukünftigen klimatischen Bedingungen gut wachsen können.

BESONDERHEIT

Der Schwarze Holunder war der Wohnsitz der germanischen Göttin Holla (Holda), die die Blüten des Holunderbusches schüttelte, die wie Schnee herabfielen: die Grundlage für das Märchen „Frau Holle“.

WACHOLDER
'GEMEINER WACHOLDER'
JUNIPERUS COMMUNIS

ERKENNUNGSMERKMALE
Der Gemeine Wacholder ist ein aufrecht wachsender Strauch und sieht dadurch aus wie ein kleiner Baum. Wacholderbüsche können bis zu 18 m hoch werden.

BLÄTTER/NADELN: Die Nadeln sind zu dritt angeordnet und laufen am Ende spitz zu.

BLÜTEN: Der Wachholder ist zweihäusig. Die männlichen Exemplare erkennt man zur Blütezeit von April–Juni an den gelblichen Blüten. Wenn es windig ist, sieht es aus, als würde der Strauch stauben.

FRÜCHTE: Oft wird bei den Früchten von Wacholderbeeren gesprochen, die korrekte Bezeichnung der Frucht ist hier aber Beerenzapfen. Diese sind zunächst hellgrün und werden im zunehmenden Alter (ab 3 Jahren) schwarz-bläulich.

RINDE: Die Borke des Stamms ist grau bis rotbraun gefärbt und hat im Alter ausgeprägtere Schuppen, die relativ schmal sind und längs verlaufen.

BEVORZUGTER STANDORT
Der Gemeine Wacholder mag es extrem: Man findet ihn vor allem auf sehr trockenen und nährstoffarmen Böden ohne viel Wasserverfügbarkeit. Auf besseren Standorten wird er von anderen Arten

verdrängt. Der Wacholder bevorzugt Kalkmagerrasen, felsige Standorte oder lichte Wälder mit einem hohen Kalkanteil im Boden. Er benötigt viel Sonnenlicht, um wachsen zu können.

HERKUNFTSREGION

Der Gemeine Wacholder ist weit verbreitet: Er wächst in Europa, Nordamerika, Nordafrika und in Vorder- und Nordasien. In Deutschland gehört der Wacholder zu den heimischen Straucharten.

NUTZUNG

Das Holz des Wacholders ist vor allem bei Drechsler*innen und Schreiner*innen sehr beliebt. Auf Friedhöfen oder in Gärten und Parks ist er eine beliebte Zierstrauchart. In der Küche werden Wacholderbeeren gerne zum Würzen, wie in Wildgerichten, genutzt. Sehr bekannt ist natürlich auch der Wacholderschnaps, auch als Gin bekannt.

KLIMAWANDEL

Da der Wacholder gut mit Trockenheit zurechtkommt, gilt er weiterhin als zukunftsfähiger Strauch.

BESONDERHEIT

Weidenutzung ist ein entscheidender Faktor, um Wacholder in der Landschaft zu erhalten. Dieser besondere Landschaftstyp wird auch Wacholderheide genannt. Da die Pflanze vom Vieh verschmäht wird, ist der Wacholder oft der einzige Baum oder Strauch, der auf solch einer Fläche noch zu finden ist.

HASELNUSS

'HASELNUSS'

CORYLUS AVELLANA

ERKENNUNGSMERKMALE

Haselnusssträucher entdeckt man oft an Waldrändern, da sie hier ausreichend Licht bekommen. Sie können als Strauch oder kleiner Baum bis zu 6 m hoch wachsen.

BLÄTTER: Die Blätter des Strauches sind bis zu 10 cm lang und an den ovalen Seiten gezackt. Die Unterseite ist behaart, während die Oberseite matt grün ist.

BLÜTEN: Die Haselnuss hat sowohl männliche als auch weibliche Blütenstände. Die männlichen Blüten kennt man unter der Bezeichnung Kätzchen. Sie werden 4–8 cm lang und tragen ihre Pollen durch den Wind zu den weiblichen Blüten. Diese sind im Frühling als rote Fäden zu erkennen, die aus der Knospe heraushängen.

FRÜCHTE: Die Haselnüsse reifen erst im September/Oktober. Sie sind zunächst grün gefärbt und entwickeln erst nach einiger Zeit die bekannte braune Farbe und eine harte Schale.

BEVORZUGTER STANDORT

Die Haselnuss mag es gerne halbschattig bis sonnig. Oftmals steht sie in lichten Wäldern oder an Waldrändern, gerne auch an Feldern. Der Boden sollte wasserdurchlässig und mäßig feucht sein.

HERKUNFTSREGION

Nach der Eiszeit war die Haselnuss ein dominantes Gehölz in Europa. Ihre schlagartige Verbreitung 7000 v. Chr. lässt sich unter anderem damit erklären, dass die Menschen sie bereits damals wegen ihres hohen Nährstoffgehalts und der guten Lagerfähigkeit nutzten.

NUTZUNG

Mit der Entwicklung des Menschen wurde auch die Nutzung des Haselnussstrauchs ausgeweitet. So wurde das biegsame und zähe Holz für Fassreifen, Spazierstöcke oder Körbe verwendet.
Und auch die Tierwelt profitiert von der Haselnuss. Durch ihre frühe Blüte im März bis April bietet sie schon früh im Jahr Pollen für Bienen und andere Insekten. Auch die Blätter stehen bei einigen Krabbeltieren auf dem Speiseplan. Doch gerade die Nüsse bilden für viele Tiere eine wichtige Nahrungsgrundlage für die Überwinterung. Insbesondere Eichhörnchen sorgen durch ihre Vorratssammlung für die rege Verbreitung der Haselnuss.

KLIMAWANDEL

Der Anbau von Haselnüssen erfolgt größtenteils in der Türkei. Dort haben die Sträucher extrem unter Trockenheit und Hitze zu leiden, wodurch die Ernte immer schwieriger wird.

BESONDERHEIT

Die bekannten runden Haselnüsse und auch die Nüsse, die im allseits beliebten Schoko-Aufstrich landen, sind nicht die heimischen Haselnüsse. Dabei handelt es sich um die Bluthasel.

WELCHE PFLANZEN STEHEN IN UNSEREN WÄLDERN?

LEBERBLÜMCHEN
'LEBERBLÜMCHEN'
HEPATICA NOBILIS

ERKENNUNGSMERKMALE

Das Leberblümchen blüht im Wald von März bis April und wird etwa 10–25 cm hoch.
Man erkennt das kleine Pflänzchen an seinen wunderschönen blauvioletten Blüten und an seinen typisch dreilappigen Blättern. Die Form dieser Blätter erinnert an eine menschliche Leber, daher auch ihr Name.

BEVORZUGTER STANDORT

Findet man diese Blume in einem Wald, kann man davon ausgehen, dass dieser Waldboden Kalk und Lehm enthält. Daher gilt sie auch als Lehm- und Kalkzeiger. Am häufigsten findet man das Leberblümchen in Eichen- und Buchenwäldern.

VERBREITUNGSGEBIET

Das Leberblümchen kommt auf der Nordhalbkugel in Laubwäldern vor.

NUTZUNG

Nicht nur uns ist aufgefallen, wie wunderschön das Leberblümchen ist. Das ist eigentlich toll, aber hat leider dazu geführt, dass die Pflanzen vielerorts ausgegraben wurden, um sie im eigenen Garten als Zierpflanzen wachsen zu lassen. Um dem entgegenzuwirken, ist das Ausgraben nun streng verboten, damit sich die Pflanzenbestände wieder erholen können.

KLIMAWANDEL

Es ist wahrscheinlich, dass die Bedingungen des Klimawandels dem Leberblümchen Probleme machen, es ist aber noch nicht ganz absehbar.

BESONDERHEIT

Das kleine Pflänzchen kann ohne die Blüte sogar bis zu 360 Jahre im Boden überdauern. Wahnsinn, oder? Wichtig dafür ist, dass sich die Umgebung, also meist der Wald, in dem das Leberblümchen gedeiht, nicht stark verändert oder gestört wird. Ein starker Wechsel der Baumarten oder zu viel Schatten könnten zum Absterben der Pflanze führen.

BÄRLAUCH

'BÄRLAUCH'

ALLIUM URSINUM

ERKENNUNGSMERKMALE

Der Bärlauch gehört zu den Narzissengewächsen. Er hat bis zu 20 cm lange, oval geformte Blätter, einen dreikantigen Stängel, und wenn er Ende April blüht, erkennt man ihn auch an der schneeweißen Pracht. Bärlauch riecht nach Knoblauch. Das merkt man bereits bei Betreten des Waldes, bevor man die einzelne Pflanze überhaupt sieht. Spätestens beim Zerreiben der Blätter wird man den knoblauchigen Geruch nicht mehr leugnen können.

BEVORZUGTER STANDORT

Man findet Bärlauch oft in großer Anzahl in Laubwäldern (besonders Buchenwälder) mit feuchtem Boden, der nährstoff- und kalkreich ist. Nicht selten bilden die Bärlauchpflanzen einen regelrechten Teppich, der sich über viele Meter im Wald erstreckt. Wenn man also Bärlauch sammeln will, ist der sicherste Ort ein (Buchen-)Laubwald, der von einem Bach durchflossen wird. Oder in kleinen Tälern, in denen es etwas feuchter ist.

VERBREITUNGSGEBIET

Der Bärlauch ist fast flächendeckend in Europa verbreitet. In Deutschland ist er eine heimische, weit verbreitete Art, aber im Süden findet man ihn deutlich häufiger. So gilt er in Hamburg und in Brandenburg laut der Roten Liste des Bundesamtes für Naturschutz sogar als vom Aussterben bedroht.

NUTZUNG

Bärlauch schmeckt, ob im Pesto oder als Bärlauchbutter, das Grünzeug ist ein saisonales Highlight. Beim Sammeln sollte man aber darauf achten, nicht zu viele Pflanzen zu entnehmen und sicherzugehen, dass man wirklich die richtige Pflanze hat! Gerade das Maiglöckchen kann Verwirrung stiften, da es dem Bärlauch ziemlich ähnelt. Das ist aber giftig und sollte definitiv nicht auf unseren Tellern landen!

KLIMAWANDEL

Durch den Klimawandel sind die Winter oft milder, weshalb Frühblüher wie der Bärlauch früher austreiben und blühen können. Zudem wird das Laubdach früher dicht, wodurch der Zeitraum, in dem Sonnenlicht auf den Waldboden fällt, kürzer wird. Wie der Bärlauch mit diesen neuen Bedingungen zurechtkommt, ist noch nicht klar.

BESONDERHEIT

Dass man blühenden Bärlauch nicht mehr essen kann, ist ein Gerücht. Jüngerer Bärlauch schmeckt allerdings besser.

MOOSE
'SCHÖNES FRAUENHAAR'
POLYTRICHUM FORMOSUM

ERKENNUNGSMERKMALE
Moosen fehlen die typischen Pflanzenstrukturen. Sie haben nämlich keine Wurzeln, Blätter oder Stängel. Ihnen fehlen damit wichtige Leitgefäße. Sie können auch nicht sonderlich hoch wachsen, denn Stoffe können nicht in große Höhen weitergeleitet werden. Natürlich haben sie wurzelähnliche Organe, die ihnen bei der Verankerung an Ort und Stelle helfen. Diese heißen Rhizoide. Trotz der fehlenden Pflanzenstrukturen sind einige Moosarten leicht zu erkennen: das Frauenhaarmoos zum Beispiel an seiner Sternenform.

BEVORZUGTER STANDORT
Moose gibt es fast überall, manche Arten bevorzugen feuchte Böden, manche stehen gerne auf trockenen und sauren Böden. Im Wald wächst vor allem die Gruppe der Laubmoose. Die einzelnen Arten dieser Gruppe funktionieren gut als Zeigerarten, da auch sie wieder unterschiedliche Standorte bevorzugen.

VERBREITUNGSGEBIET
Moose gibt es schon seit über 400 Millionen Jahren. Man findet sie überall auf der Welt und es gibt ungefähr 16.000 verschiedene Arten! Evolutionär markieren sie den Übergang von Wasser- zu Landpflanzen und waren auch die ersten an Land wachsenden Pflanzen.

NUTZUNG
Traditionell wurde Moos als Verbands- oder Füllmaterial genutzt, heutzutage sind die Nutzungsarten von Moos abstrakter: in der Pflege von Zierpflanzen oder in der Biotechnologie.

KLIMAWANDEL
Moose sind Zeigerarten für den Klimawandel, denn mit steigender Trockenheit können die Bestände schrumpfen. Gleichzeitig hofft man, mithilfe von Moos etwas gegen den Klimawandel ausrichten zu können, da Moos unter anderem Wasser speichern und Luft filtern kann.

BESONDERHEIT
Moose können komplett austrocknen, ohne abzusterben. Bei Trockenheit reduzieren sie ihren Stoffwechsel. Sobald sie wieder bewässert werden, quellen sie auf und werden wieder grün. Moose haben nur eine dünne Kutikula, das ist das Gewebe auf der Pflanze, sozusagen die Haut. Durch sie kann das Moos Wasser aufnehmen und speichern. Moose sind wahre Schwämme und können teilweise fast das 30-Fache ihres Trockengewichts an Wasser aufnehmen.

TOLLKIRSCHE

'SCHWARZE TOLLKIRSCHE'

ATROPA BELLADONNA

ERKENNUNGSMERKMALE

Das Nachtschattengewächs wächst aufrecht und kann bis zu 2 m hoch werden. Die Blätter sind elliptisch geformt und die Blattspreite läuft in den behaarten Stiel über. Die Blüten treten einzeln und in braunvioletter Farbe auf. Sie blühen je nach Standort von Juni bis August. Aus der Blüte entsteht Ende Juli (bis in den Oktober hinein) eine dunkelviolette bis schwarz glänzende Beere. Sie sitzen auf dem grünen Blütenkelch der ehemaligen Blüte.

BEVORZUGTER STANDORT

Die Tollkirsche, auch bekannt als Teufelskirsche, Waldnachtschatten oder Belladonna, wächst gerne an Waldrändern oder auf Lichtungen.

VERBREITUNGSGEBIET

Das Verbreitungsgebiet der Tollkirsche erstreckt sich von Skandinavien, West- und Südeuropa bis nach Nordafrika und den Iran. In Deutschland gilt sie vor allem in Süddeutschland, beispielsweise in Bayern oder Baden-Württemberg, als verbreitet.

NUTZUNG

Obwohl die Pflanze gefährlich ist und die Todesopfer der Pflanze blau anlaufen und aufquellen, gilt die Belladonna auch als Heilpflanze. In sehr geringen Dosen kann sie krampflindernd wirken und gegen Epilepsie oder Asthma helfen.

KLIMAWANDEL

Die Tollkirsche mag wärmere, kontinentale Regionen. Daher wird angenommen, dass sie tendenziell gut mit dem Klimawandel zurechtkommen und sich weiterverbreiten könnte.

BESONDERHEIT

Achtung, giftig! Allgemein sollte alles an der spannend aussehenden Pflanze gemieden werden, da alle Pflanzenteile hochgiftig sind. Wenn man sich dennoch bedient hat, kann man dies an einer Pupillenerweiterung erkennen. Die betroffenen Personen haben oft einen trockenen Mund, gefolgt von Hautrötungen und Überwärmung, die in Herzrasen übergehen. Außerdem führt der Konsum auch zu Verwirrtheit, Gleichgewichtsstörungen oder Krampfanfällen. Das teilweise von wildem Lachen begleitete, krampfende Verhalten soll an einen tollwütigen Menschen erinnern.

FAQ

DARF MAN IM WALD EINFACH PFLANZEN SAMMELN?

Folgendes musst du beachten:

- 1-aus-25-Regel: Wenn du 25 Pflanzen siehst, kannst du eine mitnehmen, ohne dem Vorkommen zu schaden. Wenn du die letzte Pflanze im Wald wegnimmst, wird es lange dauern, bis es überhaupt wieder welche gibt.

- Sammle lieber einzelne Blätter von mehreren Pflanzen, als ein ganzes Büschel auszureißen. Wenn du nur ein Blatt entfernst, kann sich die Pflanze wieder erholen und im nächsten Jahr wieder in vollster Pracht wachsen.

- Pflück nur so viel, wie du wirklich brauchst. Es ist schade, wenn die Pflanzen bei dir zuhause vertrocknen.

- Wildpflanzen im eigenen Beet zu pflanzen, funktioniert meistens nicht. Die Boden- und Klimabedingungen sind meistens zu verschieden und die Pflanzen gehen ein. Man kann es sich also sparen, Pflanzen im Wald auszugraben. Gärtnereien und spezielle Märkte bieten passend gezüchtete Pflanzen an.

SIND NICHT-HEIMISCHE PFLANZEN GEFÄHRLICH?

Nicht-heimische Pflanzen werden auch Neophyten genannt. Sie sind nicht grundsätzlich schlimm, einige landen sogar täglich auf unseren Tellern, wie die Kartoffel. Bei manchen Baumarten hat man sogar die Hoffnung, dass ihre Ansiedlung unseren Wald gegen den Klimawandel stärkt. Diese Baumarten kommen ursprünglich aus Regionen, in denen es schon immer wärmer oder trockener war, als man es in Deutschland gewohnt ist. Wegen des Klimawandels gelten hierzulande wahrscheinlich bald ähnliche Bedingungen. Diese Arten sind bereits darauf vorbereitet.

Dennoch haben auch die nicht-heimischen Baumarten Schwierigkeiten, weshalb man nicht nur auf sie allein setzen sollte. Neophyten sind grundsätzlich mit Vorsicht zu genießen, denn sie können das heimische Ökosystem ganz schön auf den Kopf stellen. Manche Neophyten finden hier so gute Bedingungen vor, dass sie sich rasend schnell verbreiten. Dem kann man dann kaum Einhalt gebieten. Schlimmstenfalls nehmen sie den heimischen Pflanzen damit den Lebensraum weg. Zusätzlich können die eingeschleppten Pflanzen neue Krankheiten mitbringen, die teilweise auf heimische Arten übertragen werden können. Die heimischen Arten hatten aber noch keine Chance, eine Immunreaktion auf die neuen Krankheiten zu entwickeln und sind ihnen deshalb hilflos ausgeliefert. Die Neophyten, die dem heimischen Ökosystem schaden, werden als invasiv eingestuft.

Doch wie gelangen diese Arten überhaupt hierher? Das kann ganz unterschiedliche Ursachen haben. Unter anderem durch den immer weiter ansteigenden, globalen Austausch von Waren und Handelsgütern. Beispielsweise können wir heute Möbel aus tropischem Holz (Teak, Mahagoni etc.) kaufen, das hier gar nicht wachsen würde. Oder uns ganz verrückte Zimmerpflanzen in die Bude stellen. Oder jeden Tag Toast mit Avocado essen. So werden aus ästhetischen oder kulinarischen Gründen immer mehr Pflanzen nach Europa gebracht, von denen es immer wieder einige in die freie Wildbahn schaffen, wo sie sich zum Teil ausbreiten.

WUSSTEST DU SCHON ...?

Das Jahr 1492 gilt als Stichjahr für die starke Ausbreitung von gebietsfremden Arten. In diesem Jahr „entdeckte" Christoph Kolumbus Amerika und der weltweite Handel stieg stark an. Alle Arten, die nach diesem Jahr neu eingeführt wurden, werden als Neobiota bezeichnet.

WAS MACHT MAN GEGEN INVASIVE ARTEN?

Durch die Globalisierung ist es kaum zu vermeiden, dass nicht-heimische Arten zu uns gelangen und sich eventuell auch ausbreiten. Man kann aber darauf achten, keine Gartenabfälle in den Wald zu werfen. Denn auch dadurch kann sich eine Pflanze auf einmal ungehindert ausbreiten, zum Beispiel die Kermesbeere. Und: Schuhe putzen!
Wenn du in einem Gebiet unterwegs bist, wo es bereits Neophyten gibt, macht es Sinn, die Schuhe nach dem Spaziergang dort ordentlich zu reinigen. So verhinderst du, dass sich dieser Neophyt in einem anderen Wald ausbreitet.

WAS SIND ZEIGERARTEN?

Artenkenntnis ist weit mehr als „nur" das Bestimmen von Pflanzen. Weil jede Art einzigartige Merkmale hat, führt ihre Kenntnis zu einem tieferen Verständnis des Ökosystems. Es gibt Pflanzen, die besonders gut mit Staunässe auskommen, wie die Flatter-Binse, oder sie sind auf einen hohen Stickstoffgehalt angewiesen, wie die gewöhnliche Brennnessel oder der Zaungiersch. Solche Arten können als Indikatoren für die örtlichen Gegebenheiten gesehen werden.

LERNE DIE VIERBEINIGEN WALDBEWOHNER KENNEN

WASCHBÄR
'NORDAMERIKANISCHER WASCHBÄR'
PROCYON LOTOR

VERBREITUNGSGEBIET
Fast deutschlandweit vertreten, Population steigt.

ERKENNUNGSMERKMALE
Waschbären werden 40–70 cm groß, den geringelten Schwanz nicht mitgedacht. Ihr Fell ist gräulich. Die schwarze Färbung um die Augen erinnert an eine Maske. Ihre Pfoten haben fünf Finger; sie werden bis zu 10 kg schwer und 15 Jahre alt.

BEVORZUGTER LEBENSRAUM
In freier Wildbahn leben Waschbären in Laub- und Mischwäldern und schlafen in alten Baumhöhlen oder verlassenen Fuchsbauten. Als Kulturfolger finden wir sie aber auch auf Müllhalden, in Städten oder ganz ärgerlich: auf dem eigenen Dachboden.

ERNÄHRUNG
Waschbären fressen eigentlich alles: Sie plündern die Nester von Vögeln und fangen Frösche. Sogar Schlangen, Würmer und Schnecken verspeisen sie – und manchmal auch Obst und Nüsse. Auch menschliche Essensreste interessieren sie, weswegen man sie öfter in Mülltonnen rumoren hört.

JAGD
1934 wurden die Tiere zur „Bereicherung der Natur" in Deutschland ausgesetzt. Wegen der Schäden an Ernten, Gärten oder Häusern, darf man sie seit 1954 bejagen. Heute sind sie weiterhin stark verbreitet.

NACHWUCHS
Normalerweise bekommen die Kleinbären im Frühjahr Nachwuchs, in unseren milden Gefilden jedoch ganzjährig, meist drei Junge. Bei einer starken Bejagung erhöhen sie ihre Reproduktionsrate. Ihre Fähigkeit, den Menschen auf der Nase herumzutanzen, muss man wirklich bewundern.

BESONDERHEIT
Waschbären sind durchaus zutraulich gegenüber Menschen. Wenn sie sich nähern, sollte man sie jedoch nicht berühren oder füttern. Die anfängliche Freundlichkeit kann schnell zu einem Biss werden.

LUCHS

'LUCHS'

LYNX LYNX

VERBREITUNGSGEBIET

Der Luchs ist in Deutschland heimisch.

ERKENNUNGSMERKMALE

Der Luchs ist 80–120 cm lang, mit einer Schulterhöhe von etwa 65 cm. Damit ist er größer als der Deutsche Schäferhund, wobei die Rute (der Schwanz) kürzer ist. Er hat markante Pinselohren und ein gelblich-braunes Fell mit schwarzen Flecken. Luchse können 10–12 Jahre alt werden.

BEVORZUGTER LEBENSRAUM

Luchse benötigen große zusammenhängende Waldgebiete als Lebensraum. Männliche Luchse (Kuder) legen weite Strecken zurück. Ihr Revier ist 12.000–40.000 Hektar groß! Weibchen (Katzen) beschränken sich auf 10.000–12.000 Hektar. Dabei gilt: Je weniger Nahrung in ihrem Lebensraum vorhanden ist, desto größere Reviere benötigen sie.

ERNÄHRUNG

Der Luchs frisst vor allem Wild. An Nutztiere geht der Luchs seltener und hält sich dann an kleinere Tiere wie Schafe. Pro Tag benötigt ein ausgewachsener Luchs circa 2,5 kg Fleisch. Jährlich wären das etwa 50 Rehe. Erbeutet er ein Tier, teilt er es sich ein und besucht den Kadaver mehrmals. Dazu versteckt er das Wild unter Laub, damit Aasfresser nicht darauf aufmerksam werden. Er selbst frisst kein Aas, sondern hält sich an seine frische Beute.

JAGD

Luchse sind geschützt und dürfen nicht gejagt werden, damit sich wieder genügend in Deutschland ansiedeln. Allerdings gibt es immer wieder illegale Abschüsse, da Menschen Angst vor der Raubkatze haben. Der größte Feind des Luchses ist allerdings der Straßenverkehr, da sein Streifgebiet immer wieder durchschnitten wird.

NACHWUCHS

Die Weibchen bekommen im Mai oder Juni bis zu vier Junge, die bis zum nächsten Frühjahr bei der Mutter bleiben. Nur circa die Hälfte der Jungen überlebt das erste Lebensjahr.

BESONDERHEIT

Vor über 200 Jahren war die große Katze weit verbreitet. Doch die Wälder wurden gerodet und ihre ursprünglichen Lebensräume wichen Dörfern und Städten. Als Jagdrivale und Viehdieb wurde er im 19. Jahrhundert systematisch ausgerottet. In den 1970er-Jahren kehrte der Luchs langsam wieder zurück. Seit 2016 werden im Pfälzerwald und Schwarzwald Luchse aus der Schweiz und Südeuropa ausgesetzt, damit sie sich wieder ansiedeln.

MARDER
'BAUMMARDER'
MARTES MARTES

VERBREITUNGSGEBIET
Der Baummarder kommt in Europa, von Großbritannien bis Westsibirien, vor.

ERKENNUNGSMERKMALE
Der Baummarder hat den Spitznamen Gelbkehlchen nicht ohne Grund. Sein Fell ist an Kehle und Brust gelblich gefärbt. Der Rest des Körpers ist kastanienbraun und um die Nase dunkler. Er wiegt zwischen 850 und 1900 g und wird bis zu 80 cm lang. Der Schwanz dient dem Tier beim Klettern, um das Gleichgewicht zu halten.

BEVORZUGTER LEBENSRAUM
Grundsätzlich ist der Baummarder an den Lebensraum Wald gebunden. Am liebsten lebt der Baummarder in Wäldern, die strukturreich sind. In dichten Jungbeständen kann sich der Marder gut verstecken, während er in Höhlen von alten Bäumen einen schönen Schlafplatz finden kann. Er nutzt auch gerne alte Eichhörnchenkobel, Krähen- oder Greifvogelnester als Ruheort.

ERNÄHRUNG
Wählerisch sind Baummarder nicht. Sie fressen alles, was sie finden, selbst wenn es andere Tiere sind. Es stehen neben Insekten oder Mäusen sogar größere Tiere wie Eichhörnchen, Hasen oder Vögel auf ihrer Speisekarte – und ab und zu auch Früchte wie Beeren. Ab dem Spätsommer sucht der Marder auch Nüsse und beginnt wenig später, Vorräte für den Winter anzulegen. Man findet seinen Kot auch im Garten, in dem dann die Kerne von beispielsweise Kirschen zu finden sind.

JAGD
Seit sich die Population des Marders wieder stabilisiert hat, unterliegt er dem Jagdrecht, darf also geschossen werden. Nur in NRW nicht, da es dort nicht so viele Baummarder gibt.

NACHWUCHS
Nach der Paarung sind die Fähen (weibliche Marder) zwischen 249 und 286 Tage trächtig. Nach der Befruchtung erfolgt erst eine längere Keimruhe. Das bedeutet, dass die Eizellen vorerst im Anfangsstadium verweilen. Klingt erst mal verrückt, ermöglicht den Tieren aber, ihre Jungen zu einem günstigeren Zeitpunkt zur Welt zu bringen. Ist die Tragzeit abgeschlossen, werden durchschnittlich 3 Junge geboren.

BESONDERHEIT
Der Baummarder ist ein echter Kletterkünstler. Springt er von Baum zu Baum, kann er sogar Distanzen von bis zu 4 m überwinden.

OTTER
'FISCHOTTER'
LUTRA LUTRA

VERBREITUNGSGEBIET
Der Fischotter ist in Deutschland heimisch.

ERKENNUNGSMERKMALE
Fischotter können in freier Wildbahn 10 Jahre alt werden. Im ausgewachsenen Zustand bringen sie bis zu 12 kg auf die Waage. Von der Nase bis zur Schwanzspitze sind die Tiere 1,2 m lang – der Schwanz macht dabei circa ein Drittel ihrer Länge aus. Das dunkelbraune Fell des Otters ist sehr dicht und wärmt ihn unglaublich gut. Anders als bei anderen Wassertieren ist das Fell nicht fettig, um das Wasser von der Haut fernzuhalten. Es sind vielmehr die 80.000 Haare auf nur einem Quadratzentimeter Otterhaut, die jeden Wassertropfen abhalten. Während des Schwimmens liegen die Ohren, Nase und Augen des Otters über der Wasseroberfläche.

BEVORZUGTER LEBENSRAUM
Die flinken Wassertänzer lieben naturbelassene Auwälder und bewachsene Uferregionen. Sie bewohnen nicht nur Flüsse, sondern auch stehende Gewässer oder Küstenregionen.

ERNÄHRUNG
Otter fressen Fisch und davon nicht wenig! Sie benötigen täglich 0,4 bis 1,2 kg Beute, um satt zu werden. Auf ihrem Speiseplan stehen auch Amphibien, Kleinsäuger oder Schalentiere wie Krebse.

JAGD
Im 20. Jahrhundert wurde der Otter in Deutschland fast ausgerottet, da die Menschen vom kleinen Fischräuber genervt waren und es auf sein Fell abgesehen hatten. Seit 1968 darf der Otter deswegen hierzulande nicht mehr bejagt werden. Auch die anderen europäischen Länder stellten die Jagd ein, um ihn zu schützen. In Deutschland wird er zudem im Bundesnaturschutzgesetz als streng geschützte Art aufgeführt.

NACHWUCHS
Nachwuchs können Fischotter das ganze Jahr bekommen. Geschlechtsreif werden sie jedoch erst mit 1–2 Jahren und bekommen oft nur alle 2 Jahre Junge. Gesäugt werden die kleinen Otter bis zu 4 Monate lang – die ersten Schwimmversuche starten jedoch bereits mit nur 8 Wochen.

BESONDERHEIT
Trotz der Bemühungen, den Otter zu schützen, gingen die Bestände lange Zeit weiter zurück. Flussbegradigungen und die Verkleinerung ihrer ursprünglichen Lebensräume machten ihm stark zu schaffen.

DACHS

'EUROPÄISCHER DACHS'

MELES MELES

VERBREITUNGSGEBIET

Der Dachs ist in Deutschland heimisch.

ERKENNUNGSMERKMALE

Die auffällige Gesichtsfärbung des Dachses – oder auch Meister Grimbart – mit den schwarz-weißen Streifen ist unverkennbar. Auch seine Körperfärbung ist speziell. Die hellgraue Ober- und schwarze Unterseite ist selten: Jäger*innen sprechen hier von einer „Verkehrtfärbung", denn die meisten Tiere haben helles Fell am Bauch und dafür einen dunkleren Rücken zur besseren Tarnung. Ein Dachs kann bis zu 17 kg schwer und 20 Jahre alt werden. Sein kompakter Körperbau mit kurzen Beinen und schlankem Kopf ist ideal für das Graben von Tunneln geeignet. Die Pfoten haben lange Krallen, die er als Werkzeug zum Graben nutzen kann.

BEVORZUGTER LEBENSRAUM

Dachse leben gerne in Laub- und Mischwäldern: Hauptsache, sie können Höhlen bauen. Der Boden darf also weder zu felsig, noch zu locker sein, und es darf kein Überflutungsrisiko herrschen.

ERNÄHRUNG

Der Dachs ist ein Allesfresser, dabei aber größtenteils vegetarisch. Er frisst also gerne Wurzeln, Beeren, Samen, Pilze und Obst, aber auch mal Eier und kleine Tiere und Getreide, zum Leidwesen der Landwirtschaft.

JAGD

Der Dachs darf gejagt werden, wird dabei aber meistens nicht priorisiert, da man kaum Verwendung für ihn hat.

NACHWUCHS

Im Frühling wird der Dachsbau zur Kinderstube, meist sind es 3–5 Junge gleichzeitig. Es dauert ein paar Monate, bis sie den Dachsbau verlassen können, sie sind sogenannte Nesthocker.

BESONDERHEIT

Manch ein Vermieter kann sich eine Scheibe vom Dachs abschneiden. In den komplexen Tunnelsystemen der Dachse finden auch andere Tiere, wie zum Beispiel der Fuchs, ein Zuhause.

WILDKATZE

'EUROPÄISCHE WILDKATZE'

FELIS SILVESTRIS

VERBREITUNGSGEBIET

Die Europäische Wildkatze ist in Deutschland heimisch.

ERKENNUNGSMERKMALE

Haus- und Wildkatze sehen sich ähnlich. Die Wildkatzen sind aber etwas größer und haben, vor allem im Winter, etwas längeres Fell. Der Schwanz der Wildkatze ist weniger geringelt als der der Hauskatze, auch die restliche Fellzeichnung unterscheidet sich etwas. Am einfachsten kann man sie tatsächlich anhand ihres Verhaltens unterscheiden, denn Wildkatzen sind extrem scheu. Sie überhaupt mal zu Gesicht zu bekommen, ist sehr selten.

BEVORZUGTER LEBENSRAUM

Wildkatzen mögen vor allem Platz! Das Streifgebiet eines Katers ist mit bis zu 3.000 Hektar so groß wie das vom Rotwild. Idealerweise handelt es sich um große zusammenhängende Waldgebiete. Aber gerne werden auch Wiesen und Waldränder als Jagdrevier genutzt. Außerdem benötigt sie Orte wie alte Baumhöhlen, um ihre Jungen großzuziehen.

ERNÄHRUNG

Nachts geht die Wildkatze auf die Jagd, dabei stehen vor allem Mäuse auf dem Plan, aber auch mal ein Hase oder ein Frosch. Im Gegensatz zur Hauskatze frisst die Wildkatze kaum Vögel. Sie jagt ausschließlich zum Nahrungserwerb. Die vielen Federn im Maul schmecken ihr wohl nicht ...

JAGD

Die Wildkatze gilt mindestens als gefährdet, teilweise sogar als vom Aussterben bedroht. Sie darf also auf gar keinen Fall gejagt werden!

NACHWUCHS

Zur Paarungszeit im Februar suchen die ansonsten allein lebenden Tiere die Gesellschaft des anderen Geschlechts. Etwa 2 Monate später bekommt die Wildkatze 1–6 Junge, die sie in Baumhöhlen, unter Wurzeltellern oder in Felsspalten zur Welt bringt.

BESONDERHEIT

Während der Bestand der Wildkatzen in Deutschland zunimmt, ist er in anderen Ländern leider rückläufig. Daher kommt Deutschland eine besondere Verantwortung für den Schutz der Tiere zu. Hauptgründe für den Bestandsrückgang sind ungünstige klimatische Verhältnisse in den Streifgebieten der Tiere, die Zersiedelung unserer Landschaft und vor allem: überfahrene Wildkatzen durch den Straßenverkehr.

FUCHS

'ROTFUCHS'

VULPES VULPES

VERBREITUNGSGEBIET

Der Rotfuchs ist in Deutschland heimisch.

ERKENNUNGSMERKMALE

Das Fell des Rotfuches ist orange bis rotbraun. Er wird bis zu 40 cm groß und 70 cm lang, dabei bringt er bis zu 6 kg auf die Waage. Auffallend sind seine spitzen, nach oben stehenden Ohren. Die kann der Fuchs in fast alle Richtungen drehen und damit außergewöhnlich gut hören.

BEVORZUGTER LEBENSRAUM

Der Fuchs lebt eigentlich in Wäldern, ist aber ziemlich flexibel. Er baut meistens auch nicht selbst, sondern wohnt zur Miete, zum Beispiel in Dachsbauten. Den Fuchs kann man aber auch in allen möglichen anderen Landschaften finden, unter anderem in deiner Nachbarschaft. Wenn er in Parks oder auf Friedhöfen tagsüber Verstecke findet, fühlt sich der Fuchs nämlich auch in Städten wohl.

ERNÄHRUNG

Alles kann auf dem Speiseplan des Fuchses stehen. Überwiegend sind das Mäuse und Vögel, es kann aber auch Aas sein und im Sommer die ein oder andere Beere. Städte bieten mit ihren Essensresten, Komposthaufen, Ratten und Mäusen ein gut gedecktes Buffet.

JAGD

Füchse gehören zu den großen Gewinnern der Landschaftsveränderungen und sind daher alles andere als gefährdet. Sie werden teilweise intensiv bejagt, um Hasen und Vögel vor ihnen zu schützen.

NACHWUCHS

Im Frühling kann ein Fuchs 3–6 Junge zur Welt bringen, die ihre ersten Wochen im Fuchsbau verbringen. Nach etwa 3 Monaten beginnen die ersten Streifzüge und ab einem halben Jahr verlassen sie dann ihre Fuchseltern und stehen auf eigenen Beinen.

BESONDERHEIT

Die größte Gefahr für Füchse sind ausnahmsweise mal nicht die Menschen, sondern Krankheiten. Bis in die 90er wurden Fuchsbestände durch die Tollwut drastisch reduziert, durch Impfaktionen wurde die Tollwut aber fast ausgerottet, sodass mittlerweile vor allem Räude und Staupe zur Gefahr werden. Die Krankheiten können auch Hunde befallen, weshalb diese dagegen geimpft sein sollten.

HASE
'FELDHASE'
LEPUS EUROPAEUS

VERBREITUNGSGEBIET
Der Feldhase ist in Deutschland heimisch.

ERKENNUNGSMERKMALE
Hasen passen sich mit ihrem grau melierten Balg – ihrem Fell – sehr gut der Landschaft an. Sie haben eine helle Unterwolle und schwarze Löffelspitzen. Mit ihren gelborangen Augen sehen sie nicht besonders gut, sondern machen die Bewegungen ihrer Umgebung aus. Sie gehören deswegen zu den Bewegungssehern, genauso wie das Reh oder der Rothirsch. Ihre Augen befinden sich seitlich am Kopf, wodurch sie fast einen Rundumblick besitzen. Einen anpirschenden Fuchs können sie daher erst wahrnehmen, sobald er sich bewegt.

BEVORZUGTER LEBENSRAUM
Der Hase kommt ursprünglich aus der Steppe, heute findet man ihn vor allem auf Feldern. Das kommt dem Langstreckenläufer zugute, denn außer der Flucht bleibt ihm quasi kein Verteidigungsmittel gegen seine Fressfeinde. Hasen haben auch keinen Bau, in dem sie sich verstecken können. Stattdessen schlafen sie in sogenannten „Sassen", also Mulden, die der Hase ins Feld scharrt.

ERNÄHRUNG
Sie fressen Gräser, Kräuter, Feldfrüchte wie Rüben und Kohl, aber auch Triebe, Knospen und Blätter.

JAGD
Der Hase darf gejagt werden. Aufgrund seiner schwindenden Population wird mittlerweile vielerorts darauf verzichtet. Durch die Landwirtschaft verliert der Hase immer mehr Lebensraum.

NACHWUCHS
Die Paarungszeit dauert von Januar bis September und die Tragzeit beträgt 42 Tage. Junge Hasen sind bei der Geburt bereits behaart und sehend. Deshalb nennt man sie auch Nestflüchter. Die Hasen werden etwa 4 Wochen gesäugt und bereits nach 8 Monaten geschlechtsreif. Hasen sind zu einer Superfötation im Stande. Das bedeutet, dass die Häsin ab dem 36. Trächtigkeitstag erneut befruchtet werden kann. Sie wird also noch vor der Geburt mit dem nächsten Nachwuchs trächtig.

BESONDERHEIT
Der Feldhase im Wald – das klingt erst mal falsch. Hasen leben im Wald, das ist ein bewiesener Fakt. Was sie da machen, wovon sie sich ernähren und wie sie den Wald als Lebensraum nutzen, wird aktuell erforscht.

DAMWILD

'DAMWILD'

DAMA DAMA

VERBREITUNGSGEBIET

Die letzte Eiszeit hat das Damwild nach Südosteuropa und Vorderasien verdrängt, es wurde im 16. Jahrhundert aber wieder in Deutschland eingeführt – über Dänemark, daher auch der Name.

ERKENNUNGSMERKMALE

Das Damwild ist hierzulande die zweitgrößte Hirschart. Damhirsche lassen sich mit ihren maximal 90 kg Gewicht daher nicht mit ihrem zwei- bis dreimal größeren Verwandten, dem Rotwild, verwechseln. Die Fellfarbe kann sehr verschieden sein. Es kann rötlich-braun mit weißen Flecken, oder auch schwarz und weiß sein. Ein gutes Erkennungsmerkmal ist der schwarze Aalstrich, der über den gesamten Rücken bis zur Schwanzspitze reicht. Die männlichen Tiere tragen ein Geweih. Im vollen Entwicklungsstadium formt das Geweih halbrunde, schaufelähnliche Mulden.

BEVORZUGTER LEBENSRAUM

Der bevorzugte Lebensraum besteht aus parkähnlichen Landschaften mit Wäldern und Offenlandflächen, wo die Tiere bis weit in die Ferne schauen und Feinde frühzeitig erkennen können.

ERNÄHRUNG

Gibt es reichlich schmackhafte Knospen junger Triebe, frische Kräuter auf einer Waldwiese oder Feldfrüchte auf dem Acker – Damwild könnte sich von allem ernähren. Und wenn es mal nichts anderes gibt, fressen sie sogar die Rinde von Bäumen.

JAGD

Das Damwild wird in Deutschland gejagt. Geschmacklich ähnelt das Fleisch dem des Rotwilds.

NACHWUCHS

Damwildkälber kommen im Juni zur Welt. Nach einer dreimonatigen Säugezeit ernähren sich die Kälber immer mehr von pflanzlicher Kost. Mitte Oktober beginnt dann die etwa zweiwöchige Paarungszeit, die man als Brunft bezeichnet. Nachdem die Revierkämpfe der Hirsche um den besten Brunftplatz abgeschlossen sind, setzen sie sich in ihre Brunftkuhle und warten auf die weiblichen Tiere. Diese lassen sich von dem Hirsch anziehen, der für sie am besten duftet. Dafür urinieren die Hirsche sogar in ihre Brunftkuhle und suhlen sich darin, um noch verführerischer zu riechen.

BESONDERHEIT

Durch die große Anstrengung und wenig Schlaf während der Paarungszeit verlieren Hirsche innerhalb dieser zwei Wochen bis zu 20 kg ihres Gewichts. Man bezeichnet sie dann als abgebrunftet.

ROTWILD

'ROTWILD'

CERVUS ELAPHUS

VERBREITUNGSGEBIET

Rothirsche sind in Deutschland heimisch.

ERKENNUNGSMERKMALE

Mit einer Schulterhöhe von etwa 1,5 m ist der Rothirsch die größte hier vorkommende Hirschart. Er bringt dabei bis zu 160 kg auf die Waage, in Extremfällen sogar bis zu 250 kg. Das Weibchen ist kleiner und leichter. Im Sommer ist das Fell rotbraun, im Winter eher graubraun. Die männlichen Tiere tragen ein Geweih, das sie jedes Jahr abwerfen und wieder neu bilden.

BEVORZUGTER LEBENSRAUM

Ursprünglich war das Rotwild ein Steppenbewohner und streifte durch die Offenlandschaft. Das erkennt man schon allein daran, dass so ein großes Geweih völlig unpraktisch in einem dichten Wald ist. Wie so oft wird dieser Lebensraumwechsel durch menschliche Störungen verursacht.

ERNÄHRUNG

Der Vegetarier frisst Triebe, Knospen, Blätter und Früchte aus Feld und Forst.

JAGD

Das Rotwild hat vor allem den Menschen als Feind. Die Jagdstrecke im gesamten Bundesgebiet beträgt jährlich 70.000–80.000 Tiere. Hier ist das Fallwild eingeschlossen. Fallwild wird so bezeichnet, wenn ein Tier durch den Straßenverkehr getötet wurde oder die Todesursache unbekannt ist.

NACHWUCHS

Zur Brunftzeit von Mitte September bis Mitte Oktober zieht das Rotwild weite Strecken zu den Brunftplätzen, wo sich die Hirsche und die weiblichen Tiere zur Paarung treffen. Dort hat der Platzhirsch das Sagen, und es finden Rangkämpfe zwischen ebenbürtigen Gegnern statt. Von Mai bis Juni kommen die Kälber zur Welt und werden etwa 10 Monate von der Mutter gesäugt.

BESONDERHEIT

Rothirsche sind Rudeltiere. Größtenteils leben männliche und weibliche Tiere getrennt voneinander, bilden aber jeweils Rudel. Angeführt wird ein Rudel von einem erfahrenen Weibchen. Dieses Leittier hat immer ein Kalb bei sich. Wenn es seinen Nachwuchs durch Krankheit oder durch die Jagd verlieren sollte, wird es entmachtet und ein anderes Tier mit Nachwuchs übernimmt die Führung. Jäger*innen tragen eine große Verantwortung: Sie müssen solche Rudelstrukturen erkennen und den Nachwuchs der Leittiere schonen.

WILDSCHWEIN

'WILDSCHWEIN'

SUS SCROFA

VERBREITUNGSGEBIET

Wildschweine sind in Deutschland heimisch.

ERKENNUNGSMERKMALE

Das harte und borstige Fell ist vor allem im Winter dunkelbraun bis schwarz gefärbt, weswegen die Jäger*innen Wildschweine auch Schwarzwild nennen. Frischlinge, die Nachkommen, sind in ihren ersten Lebensmonaten dagegen sehr hell gefärbt und haben Streifen auf ihrem Körper. Die eindrucksvollen Eckzähne von ausgewachsenen Tieren können über 20 cm lang werden und sind durch das Aneinanderreiben messerscharf. Große männliche Wildschweine, die Keiler, können bis zu 200 kg auf die Waage bringen.

BEVORZUGTER LEBENSRAUM

Wildschweine leben normalerweise im Wald, finden aber immer neue Verstecke. Sie fühlen sich zum Beispiel im Maisfeld sehr wohl.

ERNÄHRUNG

Zu ihren Lieblingsgerichten im Wald zählt die sogenannte Baummast, also die Früchte der Bäume, wie zum Beispiel Eicheln und Bucheckern. Im Feld sorgen sie bei Landwirt*innen für großen Ärger, denn insbesondere im Mais und Weizen können sie großen Schaden anrichten. Aber auch tierische Kost in Form von Insekten oder Aas steht auf dem Speiseplan.

JAGD

Das Schwarzwild gehört zu den relevantesten Wildarten in Deutschland. Da sie vor allem in der Landwirtschaft große Schäden anrichten können, haben die Jäger*innen die Aufgabe, für eine angemessene Populationsgröße zu sorgen. Doch die Schlauheit und Nachtaktivität der Tiere machen dies zu einer sehr großen Herausforderung. Nicht zuletzt hat das Wildschwein einen hohen Stellenwert in der Fleischgewinnung. Nach der obligatorischen Untersuchung auf Trichinen, das sind kleine Fadenwürmer, die auch auf Menschen übertragbar sind, lässt sich das Wildbret zu einem hervorragenden Lebensmittel verarbeiten.

NACHWUCHS

Die Paarungszeit des Schwarzwildes findet natürlicherweise während der Wintermonate statt. Wegen falscher Bejagungsstrategien, die das Rottengefüge zerstören, und wegen des Klimawandels, der für mildere Winter und ganzjährig ausreichend Äsung (Nahrung) sorgt, können sie sich inzwischen das ganze Jahr über fortpflanzen. Nach einer Tragzeit von knapp 4 Monaten kommen dann zwischen 3 und 10 Frischlinge auf die Welt. Sie werden anschließend weitere 4 Monate von der Mutter gesäugt. So kann es passieren, dass sich die Wildschweinanzahl innerhalb eines Jahres verdreifacht!

BESONDERHEIT

Wildschweine sind wahre Anpassungskünstlerinnen! Um den Menschen nicht zu oft zu begegnen, sind sie nachtaktiv geworden und nicht mehr tagsüber unterwegs. Sie können in fast jeder Umgebung überleben, sogar in Städten. Besonders Berlin ist bekannt für seine urbane Wildschweinpopulation, wo sie Vorgärten umwühlen und Mülltonnen plündern.

REH

'REHWILD'

CAPREOLUS CAPREOLUS

VERBREITUNGSGEBIET

Rehe sind in Deutschland heimisch.

ERKENNUNGSMERKMALE

Das männliche Reh ist kein Hirsch, sondern der Rehbock! Dieser ist an einem kleinen Geweih, dem sogenannten Gehörn, zu erkennen. Die Ricke, also das weibliche Reh, trägt kein Gehörn. Rehe wiegen zwischen 18 und 25 kg und werden bis zu 10 Jahre alt, in seltenen Fällen auch älter.

BEVORZUGTER LEBENSRAUM

Rehe bewohnen den Waldrand oder dichtes Gebüsch und strukturreiche Mischwälder. Sie fühlen sich jedoch auch auf offenen Feldern und in Parkanlagen wohl und werden aufgrund ihrer hohen Anpassungsfähigkeit als Kulturfolger gesehen.

ERNÄHRUNG

Rehe sind reine Pflanzenfresser und werden dem Ernährungstypen des Konzentratselektierers zugeordnet. Das bedeutet, dass Rehe selektiv ihre Nahrung nach Energiebedarf/-reichtum und Verfügbarkeit wählen und nicht massenhaft Grünzeug aufnehmen. Sie sind also wahre Feinschmecker! Rehe äsen (fressen) Knospen, Triebe und Blätter von einer Vielzahl von Sträuchern, Bäumen und Kräutern. Dabei ist alles, was selten ist, besonders attraktiv für das Reh.

JAGD

Da Rehe ganz besonders gern die Knospen von jungen Bäumen fressen und damit verhindern, dass diese zu großen, starken Bäumen heranwachsen können, sind zu viele Rehe im Wald ein echtes Problem. Die Jagd ist daher besonders wichtig, um das Gleichgewicht beizubehalten, dass sowohl das Überleben der Rehe als auch das Nachwachsen der Bäume sichert.

NACHWUCHS

Zwischen Mai und Juni setzt die Ricke ihre Kitze. Meist kommen 1 bis 2, manchmal aber auch 3 Kitze zur Welt. In den ersten Tagen werden die Kitze von den Ricken versteckt abgelegt und immer nur zum Säugen aufgesucht. Hier deswegen noch mal der Hinweis: Wenn man ein Kitz allein findet, bedeutet das nicht, dass dieses hilflos und schutzlos ist! Generell sollte man Jungtiere nie anfassen, da man die Witterung des Menschen hinterlässt und dann die Mutter ihr Jungtier nicht mehr annimmt!

BESONDERHEIT

Bambi ist gar kein Reh! Zwar ist Bambi in der Buchvorlage ein Reh, im Film ist Bambi ein Weißwedelhirschkalb, das in Nordamerika beheimatet ist, wo der Film produziert wurde. Rehe gibt es allerdings nicht in Amerika.

https://bit.ly/3ZB7E87

*Mit dieser neuen Methode beobachten Forscher*innen Rehe.*

https://bit.ly/4k4ZEFR

So werden kleine Rehkitze vor Mähdreschern gerettet.

LERNE DIE ZWEIBEINIGEN WALDBEWOHNER KENNEN

TURMFALKE

'TURMFALKE'

FALCO TINNUNCULUS

VERBREITUNGSGEBIET

Der Turmfalke ist in Europa, Asien und Afrika heimisch. In Mitteleuropa gehört er zu den häufigsten Beutegreifern.

ERKENNUNGSMERKMALE

Turmfalken sind 31–37 cm groß. Die Weibchen sind meist etwas größer als die Männchen und besitzen eine unauffällige braune Farbe. Das Federkleid ist braunrot und geschmückt mit einer dunklen Punktmusterung. Ihre Schwanz- und Flügelspitzen sind schwarz. Die Männchen sind dagegen rostbraun gefärbt und mit einem schwarzen Rautenmuster gekleidet. Charakteristisch für die Unterscheidung sind darüber hinaus der gräuliche Kopf und Schwanz. Die Schwanzspitzen sind mit einem schwarzen Querbalken geschmückt.

BEVORZUGTER BRUTPLATZ

Durch Bezeichnungen wie Mauer- oder Domfalke lässt sich seine Vorliebe für hohe Brutplätze mit der Nähe zum Menschen erahnen. Als Kulturfolger hat der hübsche Vogel nichts gegen Menschen, sondern sucht sogar ihre Nähe. Obgleich er sich gerne in Höhlen und Nischen in Felsen niederlässt, besiedelt er auch Spalten alter Gemäuer, Kirchtürme

oder andere Behausungen, die er bei den Menschen finden kann. Finden sie keine vorgefertigte Höhle, bedienen sie sich an alten Elster- und Krähennestern am Waldrand.

ERNÄHRUNG

Der Turmfalke bevorzugt Kleinnager wie Mäuse als Beute. Dazu steht er oft hoch in der Luft und späht nach unten auf Felder und Wiesen. Während er wartet, fliegt er auf der Stelle und „rüttelt" hin und her, bevor er sich auf seine Beute stürzt. Darunter fallen neben den Kleinnagern auch Insekten oder Reptilien. Er tötet seine Beute mit dem Schnabel und wird daher Bisstöter genannt. In Stadtnähe versuchen sich die Turmfalken sogar immer wieder an kleineren Vögeln wie Spatzen.

JAGD

Der Turmfalke unterliegt zwar dem Jagdrecht, aber es gilt eine ganzjährige Schonzeit. Er darf also auf keinen Fall geschossen werden.

NACHWUCHS

Ab dem zweiten Lebensjahr brüten die weiblichen Turmfalken und legen 3–6 Eier. Ist wenig Nahrung vorhanden, legen die Weibchen weniger Eier. Turmfalkeneier sind etwas über 4 cm groß und haben eine hell-bräunliche Farbe mit dunkelbraunen Sprenkeln. Das Brüten übernehmen dabei nur die weiblichen Turmfalken, und die männlichen Vögel kümmern sich ausschließlich um die Nahrungssuche. Die Brutzeit beginnt Mitte April und dauert circa 27–29 Tage. Nach dem Schlüpfen bleiben die Jungen ungefähr 8 Wochen im Nest, bevor sie ausfliegen.

BESONDERHEIT

Der Turmfalke zählt neben dem Mäusebussard zu den häufigsten Beutegreifer-Vögeln in Mitteleuropa. Der Bestand ist in Deutschland mit 4.000–7.000 Brutpaaren stabil. Er besiedelt fast alle Klimazonen Europas und kommt auch in Asien oder Afrika vor. Er bleibt seiner Heimat treu und verlässt auch im Winter zumeist nicht seine Gefilde.

ROTMILAN

'ROTMILAN'

MILVUS MILVUS

VERBREITUNGSGEBIET

Der Rotmilan ist in Deutschland heimisch.

ERKENNUNGSMERKMALE

Vom Boden aus erkennt man den Rotmilan am besten an seiner rotbraunen Farbe und seinem gegabelten Schwanz, wegen dem er auch Gabelweihe genannt wird. Mit seinem gegabelten Schwanz kann er sich in beachtliche Höhen – an die 1.000 m – manövrieren. Auf den Unterseiten seiner Schwingen trägt er einen weißen Streifen. Sein Kopf ist gräulich gescheckt. Er wird 61– 72 cm groß und kann eine Flügelspanne von bis zu 1,80 m haben.

BEVORZUGTER BRUTPLATZ

Er lebt besonders gerne in strukturreichen Kulturlandschaften, in denen Felder, Wiesen und Wälder dicht beieinander liegen. Sobald der Herbst Einzug hält, kann man ihn sogar in größeren Gruppen in Bäumen ruhen sehen. Auch seine Nester baut er auf Bäumen in Laub- oder Mischwäldern.

ERNÄHRUNG

Mit seinem starken gelben Schnabel frisst er gerne Mäuse und andere kleine Vögel, Fische oder Aas. Er fängt und tötet seine Beute mit seinen Krallen und wird daher Grifftöter genannt. Um Mäuse zu fangen, fliegt er gerne über frisch gepflügte Felder und greift sie im Flug vom Acker. Für die kleinen Vögel liefert er sich spektakuläre Sturzflüge und Verfolgungsjagden. Besondere Flugkunststücke vollführt der Rotmilan auch, um sein Revier zu markieren. Außerdem räumt er die Straßen auf, indem er von Autos überfahrene oder durch Mähdrescher erfasste Tiere verspeist.

JAGD

Der Rotmilan ist streng geschützt und darf auf gar keinen Fall gejagt werden.

NACHWUCHS

Rotmilane bauen ihre Horste meist an Waldrändern und legen dort Ende März 2–3 Eier. Nach etwa 30 Tagen schlüpfen die Küken, nach weiteren etwa 50 Tagen verlassen sie die Nester.

BESONDERHEIT

Mehr als die Hälfte aller Rotmilane auf der Welt brütet in Deutschland! Daher erwächst uns eine große Verantwortung, wenn es um seinen Schutz geht.

EULE

'WALDKAUZ'

STRIX ALUCO

VERBREITUNGSGEBIET

Der Waldkauz ist in Deutschland heimisch.

ERKENNUNGSMERKMALE

Der Waldkauz ist die häufigste Eulenart in Deutschland. Mit über 50.000 Brutpaaren sind sie in jedem größeren Waldgebiet vertreten. Er hat einen kräftigen Körper und ist größer als die Waldohreule. Sein Gefieder variiert zwischen brauner und grauer Färbung. Auf der Brust und den Schwingen weist es Längsstriche auf. Mit dieser Färbung ist er schwer zu entdecken. Unverkennbar sind seine großen schwarzbraunen Augen.

BEVORZUGTER BRUTPLATZ

Ein Waldkauzpaar bleibt ein Leben lang zusammen. Sie sind standorttreu und haben meist ein eigenes Revier. Gebrütet wird in Baumhöhlen, auch in Scheunen, auf Dachböden oder in Nistkästen.

ERNÄHRUNG

Ein Waldkauz ernährt sich überwiegend von Mäusen oder anderen Kleinsäugern. Auf seinem Speiseplan stehen aber auch kleinere Vögel, Amphibien und Insekten.

JAGD

Der Waldkauz ist nach dem Bundesnaturschutzgesetz geschützt. Es ist verboten, ihn zu jagen.

NACHWUCHS

Im Herbst und Winter findet die Paarungszeit, die Balz, statt. In dieser Zeit sind die markanten Rufe der Käuze in der Dämmerung und in der Dunkelheit zu hören. Im Frühjahr legt das Weibchen 2–6 Eier. Sind die Jungen geschlüpft, halten sie sich nur etwa 4 Wochen im Nest auf. Sind die Jungen ausgewachsen, suchen sie ihr eigenes Revier.

BESONDERHEIT

Da die meisten Eulen während der Dämmerung und Nacht auf Beutejagd gehen, sind ihre Augen besser entwickelt als die der meisten anderen Vogelarten. Die Augen sitzen in einem langen Röhrenknochen, der mit dem Augenmuskel fest verwachsen ist. Dadurch können sie auch unter schlechten Lichtbedingungen hervorragend sehen. Ihre Augen sind zwar nicht beweglich, dafür können sie ihren Kopf bis zu 270 Grad drehen.

Auch die Ohren sind besonders, denn sie sitzen am Kopf nicht parallel gegenüber, sondern sind asymmetrisch angeordnet. So erreicht ein Geräusch ein Ohr einen winzigen Augenblick später als das andere. Hierdurch können Eulen sehr viel besser räumlich hören und kleine Beutetiere, wie Mäuse, auf große Entfernung lokalisieren.

SEEADLER

'SEEADLER'

HALIAEETUS ALBICILLA

VERBREITUNGSGEBIET

Der Seeadler ist in Deutschland heimisch.

ERKENNUNGSMERKMALE

Einen ausgewachsenen Seeadler erkennt man sitzend meist schon deutlich an seiner Größe und dem insgesamt eher „bullig" wirkenden Körperbau. Seeadler können eine Körperlänge von über 90 cm erlangen. Die Vögel besitzen ein dunkelbraunes Gefieder mit etwas dunkleren Federenden und einem etwas helleren Kopf. Der Stoß (oder auch Schwanzfeder) ist weiß und der Schnabel gelb gefärbt. Auch seine kräftigen Füße, diese bezeichnet man bei Greifvögeln als Fänge, sind gelb.

Unverwechselbar sind seine aufgespannten Flügel, die sehr breit und stark gefingert sind. Sie sehen etwas ausgefranst aus. Die Flügelspannweite der Tiere kann bis zu 2,50 m betragen. Beeindruckend!

BEVORZUGTER BRUTPLATZ

Wie der Name bereits verrät, hat er am liebsten größere Seen, die von Wald umgeben sind. Hier findet der Vogel ausreichend Nahrung und Brutplätze. In Deutschland kommt der Seeadler deshalb vor allem im Nordosten vor. Ihre Horste bauen die Seeadler in großen, älteren Bäumen wie Rotbuchen und Waldkiefern oder auch an Klippen.

ERNÄHRUNG

Das Jagdverhalten des Seeadlers ist sehr eindrucksvoll. Vor allem steht Fisch auf dem Speiseplan. Bis zu 5 kg schwere Fische kann der Seeadler aus dem Wasser erbeuten. Diese werden, wenn sie relativ nah an der Wasseroberfläche schwimmen, im Flug gejagt und mit den Fängen aus dem Wasser geholt. Daneben erbeutet der Adler aber auch Säugetiere, Vögel und Aas. Hier beschränkt sich die Jagd vor allem auf kranke und schwache Tiere.

JAGD

Der Seeadler unterliegt zwar dem Jagdrecht, hat aber ganzjährig Schonzeit. Er darf also nicht geschossen werden.

NACHWUCHS

Seeadler beginnen mit ihrer Brut im Gegensatz zu den meisten anderen Vogelarten schon relativ früh im Jahr, bereits ab Mitte Februar bzw. Mitte März. Das Gelege besteht meist aus 1–3 Eiern. Das Weibchen brütet überwiegend, wobei das Männchen das Weibchen ablöst. Insgesamt dauert die Brutzeit circa 38 Tage. Die frisch geschlüpften Nestlinge beginnen dann nach etwa 75 Tagen langsam das Nest zu verlassen, klettern zum Beispiel mal auf umliegende Zweige. Jetzt nennt man sie auch Ästlinge. Mit den ersten kürzeren Flügen beginnen die Adlerchen dann nach circa 90 Tagen.

BESONDERHEIT

Neu angelegte Horste können einen Durchmesser von bis zu 1,5 m haben. Ein Horst, den ein Brutpaar über Jahrzehnte hinweg wieder und wieder nutzt, kann sogar einen Durchmesser von bis zu 2 m besitzen und bis zu 600 Kilogram schwer sein.

LERNE DIE MEHRBEINIGEN WALDBEWOHNER KENNEN

AMEISE

'WALDAMEISE'

FORMICA

VERBREITUNGSGEBIET

Die Gattung der Waldameisen ist weltweit verbreitet; in Deutschland kommen 23 Arten vor.

ERKENNUNGSMERKMALE

Ameisen sind Insekten und haben ein dreigliedrigen Körper und sechs Beine. Aber Ameise ist nicht gleich Ameise.

Trägt eine Ameise Flügel, handelt es sich entweder um ein geschlechtlich aktives Weibchen – auch Königin genannt – oder um ein Männchen. Die Königin wirft ihre Flügel ab, nachdem sie bei ihrem Flug durch die Luft von einem Männchen begattet wurde. Diese Ameise ist größer als die restlichen weiblichen Ameisen, die auch Arbeiterinnen genannt werden.

BEVORZUGTER LEBENSRAUM

Ameisen nisten an vielen Orten und auf unterschiedliche Weise. Oft findet man sie in selbst erbauten Erdhügeln, in morschen Stämmen oder in anderen, selbstgebauten Meisterwerken. Doch sie können sich überall, wo sie genug Nahrung finden, niederlassen. Und sei es in der Küche oder einem nahegelegenen Stromkasten. Ein schwer zu übersehendes Heim ist wohl der Ameisenhügel von

Waldameisen (Gattung *Formica*). Dies sind Hügel unterschiedlicher Größe aus Erde und Pflanzenmaterial.
Spannend ist, dass sie im Norden Mitteleuropas höher sind als im Süden. Das liegt daran, dass die Waldameisen Wärme lieben. Je größer der Ameisenhügel, desto mehr Sonne kann auf ihn strahlen und ihn aufwärmen.

ERNÄHRUNG

Ameisen sind Allesfresser, von unserem Kuchen über Pflanzenteile und Körner, bis hin zu Insekten. Eine Grundlage bildet aber Honigtau, eine zuckrige Flüssigkeit, die von Blattläusen und anderen Insekten ausgeschieden wird.

NACHWUCHS

Die begattete Ameisenkönigin ist für die Produktion der Nachkommen eines Ameisenstaates verantwortlich. Sie gründet zumeist ein neues Ameisenvolk, welches zwischen mehreren dutzend, hundert oder Millionen Tieren groß sein kann. Das liegt unter anderem daran, dass die Königin von Frühling bis Herbst unentwegt Eier legt.

BESONDERHEIT

Ameisen sind faszinierende Tiere. Sie übernehmen wichtige Aufgaben in der Natur. Sie lockern den Boden auf und machen es Pflanzen so leichter, ihre Wurzeln durch den Boden wachsen zu lassen. Es kann wertvoller Humus entstehen. Durch ihre Suche nach Nahrung verteilen sich auch Pflanzensamen, die so durch ihre Hilfe an anderen Orten keimen können. Außerdem halten sie unseren Wald sauber. Blätter oder Kadaver von Tieren werden in kleinen Teilen von Ameisen abtransportiert und für ihre Zwecke genutzt. Und zack: Alles wieder blitzeblank! Neben diesen nützlichen Aufgaben sind sie aber auch die Lebensgrundlage anderer, größerer Tiere wie Vögel.

ZECKE

'ZECKE' (GEMEINER HOLZ-BOCK, AUWALDZECKE)

IXODES RICINUS, DERMACENTOR RETICULATUS

VERBREITUNGSGEBIET

Der Gemeine Holzbock ist in Deutschland heimisch.

ERKENNUNGSMERKMALE

Zecken gehören mit ihren 8 Beinen zu den Spinnentieren. Die häufigste Zecke bei uns ist der Gemeine Holzbock. Seit einiger Zeit tritt auch die Auwaldzecke in unseren Wäldern auf. Diese ist deutlich größer als der Gemeine Holzbock und hat eine markante helle Rückenfärbung mit dunklen Streifen. Eine vollgesaugte Zecke kann ihre Körpergröße um das 200-Fache vergrößern.

BEVORZUGTER LEBENSRAUM

Zecken kommen fast überall dort vor, wo Wälder, Wiesen oder Gebüsche sind. Am liebsten mögen sie feuchte Orte. Ein begrenzender Faktor für ihre Aktivität ist die Umgebungstemperatur. Unter 7 Grad Celsius sind sie nicht aktiv.

ERNÄHRUNG

Zecken ernähren sich vom Blut ihrer Wirte. Das sind die unterschiedlichsten Waldbewohner, aber auch der Mensch und seine Hunde.

NACHWUCHS

Eine weibliche Zecke kann bis zu 3.000 Eier produzieren. Bis eine aus dem Ei geschlüpfte Larve geschlechtsreif wird, häutet sie sich. Aus der Larve wird die Nymphe und daraus die Zecke.

BESONDERHEIT

Zecken können durch ihren Stich Borreliose oder FSME, bei Hunden Babesiose (Hundemalaria) übertragen. Saugt die Zecke mehr als 12 Stunden, ist das Übertragungsrisiko für Borreliose groß. Das erste Symptom ist die „Wanderröte“: ein roter Kreis um die Einstichstelle. Borreliose kann Gelenkentzündungen hervorrufen, aber auch das Nervensystem angreifen und Lähmungserscheinungen verursachen. Die Symptome können auch erst Jahre später auftreten. Die Frühsommer-Meningoenzephalitis (FSME) ist eine Viruserkrankung. Die Übertragung findet hier direkt nach dem Zeckenstich statt. Das Virus greift die Hirnhaut und das zentrale Nervensystem an. Erste Symptome sind Gliederschmerzen und Fieber. In schlimmen Fällen kann es zu einer Hirnhautentzündung und sogar zu Gehirn- und Rückenmarksentzündungen kommen. Bislang gibt es keine Medikamente dagegen. Tendenziell erkranken eher Männer an FSME. Warum das so ist, konnte noch nicht geklärt werden. Die gute Nachricht ist, dass es gegen FSME eine Impfung gibt.

FAQ

WELCHE TIERART IST IM WALD BESONDERS SELTEN?

Menschen, die Wildkatzen in freier Wildbahn beobachten konnten, sind echte Glückspilze. Die Tiere sind sehr selten und extrem scheu. Die Katzen wurden nahezu ausgerottet und siedeln sich nur langsam wieder an. Ähnlich geht es dem Luchs, der auch langsam wieder zurückkehrt. Wesentlich größer und noch seltener ist der Elch. Es wandern nur ab und zu einzelne Tiere über die Grenzen im Nordosten nach Deutschland.

WIE VERHALTE ICH MICH, WENN ICH WILDEN TIEREN BEGEGNE?

Bei den wilden Tieren hierzulande ist es grundsätzlich am wichtigsten, ruhig zu bleiben.
Normalerweise haben sie nämlich mehr Angst vor uns als wir vor ihnen. Bei Tieren wie Wildschwein oder Wolf sollte man laut sprechen und so auf sich aufmerksam machen. So können die Tiere besser einschätzen, wo man ist, und merken auch, dass man sich von ihnen entfernt. Also: Ruhig bleiben, laut sprechen und langsam weggehen.

DARF JEDES TIER GEJAGT WERDEN?

Nein, es gibt eine offizielle Liste im Bundesjagdgesetz, die auflistet, welche Tiere dem Jagdrecht unterliegen. Zusätzlich gibt es Jagd- und Schonzeiten. Es gibt auch Wild, das ganzjährig geschont ist, es darf also gar nicht bejagt werden.

WAS MACHE ICH, WENN ICH EIN TOTES TIER IM WALD FINDE?

Ruhig bleiben, keine Panik. Es ist normal, dass Tiere in freier Wildbahn auch mal sterben. Nicht anfassen und Abstand halten ist wichtig. Wenn es ein Wildschwein ist, dann kann es ASP (die Afrikanische Schweinepest) haben. Das muss unbedingt bei der Feuerwehr oder Polizei gemeldet werden.

WAS MACHE ICH BEI EINEM WILDUNFALL?

1. Unfallstelle sichern: Warnblinker, Warnweste, Warndreieck

2. Polizei und wenn möglich die örtlichen Jäger*innen informieren

3. Ein totes Tier sollte mit Handschuhen an den Straßenrand gezogen werden, um die Gefahr aus dem Weg zu räumen.

4. Sollte das Tier noch leben, halte Abstand.

5. Hol dir zuletzt noch eine Bestätigung des Wildunfalls von der Polizei für deine Versicherung.

WELCHE TIERE SIND AM KRASSESTEN?

Auf diese Frage gibt es natürlich tausend Antworten. Aber hier schon mal ein Eindruck: Das größte Tier in unseren Wäldern ist mit einer Schulterhöhe von bis zu 150 cm der Rothirsch. Am kleinsten unter den Säugetieren ist die Zwergspitzmaus mit höchstens einer Länge von 9 cm. Am schnellsten ist der Falke, der Wanderfalke erreicht im Sturzflug bis zu 320 km/h. Welches Tier am schönsten ist, kann jede und jeder für sich selbst entscheiden.

KINDER ENTDECKEN DEN WALD

Diese Kinder lernen gerade, warum da so viel Wald fehlt.

*Der Wald steht uns allen als Erholungs- und Bildungsraum zur Verfügung. Wenn wir von ihm lernen möchten, hilft uns externe Expertise weiter. Ausgebildete Leute können uns das komplexe System des Waldes erklären. Förster*innen, Ranger*innen oder Personal von Forstämtern und Waldzentren führen uns durch den Wald. Was aber, wenn man nicht nur Fakten lernen, sondern den Wald erleben möchte? Gerade Kinder nehmen nicht sonderlich viel mit, wenn einfach nur jemand vorne steht und viel Theoriewissen teilt. Genau dafür gibt es Waldpädagog*innen. Was genau es damit auf sich hat, erklärt uns die ausgebildete und zertifizierte Waldpädagogin Nadine Röthig-Heß. Am Ende des Kapitels gibt es von ihr und uns Vorschläge für Aktionen mit Kindern im Wald!*

KENNST DU SCHON ...?

*Nadine ist Diplom-Pädagogin und hat das zweite Staatsexamen für das Lehramt am Berufskolleg. Doch das grüne Klassenzimmer ist ihr am liebsten. So ist sie seit 2015 zertifizierte Waldpädagogin und seit 2017 Dozentin und Prüferin für das Waldpädagogikzertifikat. Darüber hinaus arbeitet sie an einem Berufskolleg in NRW, wo sie angehenden Erzieher*innen und anderen pädagogischen Fachkräften beibringt, wie man mit Kindern im Wald aktiv werden kann.*

WAS IST WALDPÄDAGOGIK UND WARUM BRAUCHEN WIR SIE?

Von Nadine Röthig-Heß, Waldpädagogin

Waldpädagogik wird klassisch als waldbezogene Natur- und Umweltbildung verstanden.
In der Praxis eröffnet sie jedoch ein vielfältiges Aufgabenfeld von hohem gesellschaftlichen und pädagogischen Nutzen.
Neben Wissen über Tiere, Bäume und Pflanzen vermittelt sie auch ein Bewusstsein für die Klimakrise und macht deren Folgen in der praktischen Arbeit sichtbar – nicht moralisierend, sondern mit dem Ziel, Neugier und Verantwortungsbewusstsein zu wecken. Und spricht uns alle damit an, unabhängig von Alter oder sozialer Herkunft.
Darüber hinaus fördert Waldpädagogik zentrale Kompetenzen. Sie stärkt die Selbst- und Sozialkompetenz von Kindern ebenso wie von Erwachsenen und gibt Denkanstöße, eigene Entscheidungen sowie Werte und Normen zu überdenken. Damit kann sie zu einem reflektierten gesellschaftlichen Miteinander beitragen.
Selbstkompetenz erlernen, bedeutet, die eigenen Fähigkeiten zu erproben, Herausforderungen zu bewältigen und Ideen zu entwickeln. Sozialkompetenz erfahren wir durch die Zusammenarbeit mit anderen: Absprachen treffen, andere Sichtweisen erfahren und Akzeptanz üben, gemeinsam Probleme lösen und im Team agieren.

Gerade in unserer Zeit ist es wichtig, den Bezug zur Natur nicht zu verlieren. Angesichts des rasanten Wandels, des technischen Fortschritts und der wachsenden Verstädterung gerät die Natur – und insbesondere der Wald – in den Hintergrund. Zwar hat sein Wert als Erholungsraum in den letzten Jahren wieder zugenommen, doch oft fehlt ein tieferes Bewusstsein dafür, dass er Lebensraum ist und welche Bedeutung er für uns Menschen hat. Dieses Bewusstsein ist entscheidend für eine langfristige Wertschätzung des Waldes, sodass wir ihn schützen und erhalten wollen.
Genau hier setzt Waldpädagogik an und schlägt eine Brücke zwischen dem Wald als Freizeitraum und dem Wald als Ökosystem mit spezifischen Bedürfnissen. Der Wald ist unser Bildungsraum und grünes Klassenzimmer: ein Seminar- und Lernort, ein Ort des Entdeckens, Forschens und Verweilens.

Das Forest Lab im Sauerland ist eine Anlaufstelle für waldpädagogische Aktionen.

Eine Waldpädagogin begleitet die Teilnehmenden auf ihrem Weg zu vielfältigen Erfahrungen. Gerade bei Kindern und Jugendlichen ist eine fachliche Begleitung wichtig, um nachhaltige Erlebnisse zu ermöglichen. In der Praxis treffen wir auf sehr unterschiedliche Menschen mit ebenso unterschiedlichen Vorerfahrungen. Diese gilt es wahrzunehmen, aufzugreifen und gezielt zu vertiefen.

Damit Waldpädagog*innen diese Aufgaben erfolgreich erfüllen können, brauchen sie eine fundierte Ausbildung. Ein rein theoretisches Wissen über Artenkenntnis und ökologische Zusammenhänge reicht nicht aus.

Vermittlungskompetenz sowie ein pädagogisches Grundverständnis sind unabdingbare Voraussetzungen, um die Teilnehmenden wirksam zu begleiten.

WARUM BRAUCHT ES EIN ZERTIFIKAT?

Das Zertifikat Waldpädagogik sichert durch seine Standardisierung und deutschlandweite Anerkennung Qualität. Es ermöglicht dadurch, den vielfältigen Anforderungen in der Praxis gerecht zu werden. Denn Waldpädagogik bedeutet weit mehr als die Vermittlung von Waldwissen – es geht um zielgerichtete Lernarrangements, die von den Teilnehmenden aktiv mitgestaltet werden sollen. Dafür braucht der/die Waldpädagog*in nicht nur ökologisches und biologisches Fachwissen, sondern auch die Fähigkeit, Lernprozesse bewusst zu planen und durchzuführen. Vermittlungskompetenz, eine angemessene Ansprache der jeweiligen Zielgruppe sowie die passgenaue Auswahl von Methoden und Angeboten sind dafür nur einige Beispiele.

All dies wird im Rahmen der Zertifikatsausbildung durch Expert*innen aus den jeweiligen Fachbereichen vermittelt.

WAS BRINGEN ZERTIFIZIERTE WALDPÄDAGOG*INNEN MIT?

Zertifizierte Waldpädagog*innen zeichnet eine Multiprofessionalität aus.

Sie sind in der Lage, zielgruppengerechte, waldbezogene Bildungs- und Erlebnisangebote zu planen und durchzuführen. Dabei orientieren sie sich nicht an klassischen Waldführungen, sondern arbeiten nach aktuellen pädagogischen Grundsätzen, die unterschiedliche Lernwege berücksichtigen. Lernwege, die alle Sinne anregen und so zu einem tieferen Verständnis führen. Frei nach dem Schweizer Pädagogen Johann Pestalozzi, der schon früh erkannte, dass Lernen am besten mit Kopf, Herz und Hand gelingt. Oder anders gesagt: Man lernt nur durch Erfahrungen, die man selbst macht.

WUSSTEST DU SCHON ...?

Unter www.in-den-wald.de findest du eine Karte der waldpädagogischen Angebote in ganz Deutschland. So kannst auch du deine Wanderschuhe rauskramen und dich auf das Abenteuer Wald einlassen!

WAS IST DER MEHRWERT FÜR KINDER?

Der Wald bietet vielfältige Möglichkeiten, Kinder in ihrer Entwicklung zu unterstützen. Auf alle Entwicklungs- und Kompetenzbereiche kann positiv eingewirkt werden.

Das Laufen über unebenen Waldboden stärkt die Grobmotorik und den Gleichgewichtssinn.

Der achtsame Umgang mit der Umgebung – dem Lebensraum von Bäumen, Pflanzen und Tieren – fördert die sozial-emotionale Entwicklung und die Sozialkompetenz. Dazu gehört auch, Rücksicht auf andere Kinder in der Gruppe zu nehmen und ihre individuellen Stärken und Schwächen anzuerkennen.

Der Wald ist voller Wörter, Sprache und Geschichten. Im Bereich der Sprachentwicklung eröffnet er eine Fülle an Möglichkeiten. Texturen, Farben und Formen erweitern den Wortschatz auf authentische Weise. Beobachtungen der Umgebung und spontane Entdeckungen schaffen natürliche Sprachanlässe, die durch gezielte Aufgaben bewusst vertieft werden können.

Ein Ausflug in die Welt der Märchen und Sagen regt zudem das kreative Denken an: Der Wald bietet dafür eine besondere Atmosphäre, die weit über reine Wissensvermittlung hinausgeht. Gleichzeitig wird auch die kognitive Entwicklung gefördert. Kinder sind als kleine Forscher*innen begierig darauf, neue Informationen zu erfahren. Gerade in diesem Bereich darf ihre Lernfreude nicht unterschätzt werden.

Viele dieser Erfahrungen müssen in geschlossenen Räumen bewusst herbeigeführt, geplant und inszeniert werden, wie etwa durch einen Bewegungsparcours in der Turnhalle.

Im Wald dagegen ist all dies bereits vorhanden und wartet nur darauf, entdeckt zu werden.

WARUM IST DER WALD WICHTIG FÜR KINDER?

Unsere Welt ist geprägt von Grenzen: durch Straßen, Zäune oder Regeln. „Hier kein Ballspielen", „dort leise sein und still sitzen". Für Kinder sind diese Einschränkungen oft noch stärker spürbar als für Erwachsene.

Freiräume, in denen man einfach sein, sich ausleben und aktiv mit der Umgebung auseinandersetzen kann, müssen erst gefunden werden. Der Wald ist ein solcher Raum.

Spielen. Rennen. Über eine Baumrinde streichen. Vögeln zuhören. Sich schmutzig machen. Kälte und Nässe spüren.

All das sind wichtige sinnliche Erfahrungen, die Kinder für ihr Aufwachsen brauchen. Und die vielerorts, vor allem im städtischen Raum, nicht unbedingt erlebbar sind. Der Wald bewahrt sie.

Im Wald verschwimmen Grenzen. Es spielt keine Rolle, ob ein Kind zu Hause viel oder wenig hat, welche Noten es schreibt oder aus welchem Umfeld es kommt. Das Erlebnis ist für alle frei zugänglich, unabhängig von Herkunft, Status oder Leistung.

Im Wald auf dem Boden rumsitzen und einfach mal dreckig werden: Für viele Kinder bedeutet ein Waldbesuch Freiheit.

WARUM MÜSSEN WIR DEN WALD KENNENLERNEN?

Darum ist es fast schon eine Notwendigkeit, dass Kinder den Wald kennenlernen und sich mit ihm nicht nur als Erlebnis-, sondern auch als Lebensraum auseinandersetzen.

In der Waldpädagogik gilt der Satz: „Ich schätze und schütze, was ich kenne." Nur wenn Kinder schon früh die Bedeutung des Waldes direkt erfahren, sind sie später eher bereit, Verantwortung für ihn zu übernehmen.

So entsteht ein bewusster, verantwortungsvoller Einsatz für die Umwelt, für unsere Gesellschaft und für eine lebenswerte Zukunft.

WAS SEHEN KINDER IM WALD?

Wie Kinder den Wald sehen, ist sehr unterschiedlich und hängt stark von ihren Vorerfahrungen ab. Für manche ist er ein sagenumwobener Ort, bekannt aus Märchen und Büchern. Für andere ein großer Abenteuerspielplatz, in dem es unendlich viel zu entdecken gibt. Kinder sehen den Wald auch als Labor voller Fragen: „Was krabbelt da?", „Warum ist das Moos so weich?", „Wie hoch ist der Baum?". Für manche Kinder ist der Wald vor allem ein Platz, an dem man gemeinsam etwas erlebt, spielt, entdeckt: ein sozialer Raum.

Es gibt gleichzeitig aber auch Kinder, die den Wald mit Unsicherheit oder Angst verbinden. Und es gibt solche, die kaum etwas über ihn wissen, weil sie ihn höchstens von Spaziergängen auf festen Wegen kennen.

Auch Infotafeln wie diese sind waldpädagogische Angebote.

WIE BEGEISTERT MAN KINDER FÜR DEN WALD?

Kinder sind von Natur aus begeisterungsfähig. In ihrer Entwicklung ist fest verankert, dass sie neue Erfahrungen sammeln wollen und damit unbewusst zugleich ihre Entwicklung voranbringen. Sie sind also grundsätzlich offen für Erlebnisse im Wald.

Wichtig ist, dass ihnen dort Chancen geboten werden, selbst auszuprobieren und aktiv zu handeln. Der alte Spruch „Man lernt nur aus Erfahrungen, die man selbst macht" trifft hier genau zu.

IDEEN FÜR EINEN WALDBESUCH MIT KINDERN

Bei einem Besuch im Wald mit Kindern braucht es gar nicht viel. Der Wald selbst hat schon viel zu bieten. Wo es erlaubt ist, können Wege verlassen, besondere Entdeckungen gemacht und kleine Schätze gesammelt werden. Aus losen Ästen und Laub können Mandalas oder andere Waldbilder entstehen. Das Handy kann als Bestimmungshilfe genutzt werden (z. B. über die Bildersuche), kann ansonsten aber in der Tasche bleiben. Wer tiefer in die Waldpädagogik einsteigen möchte, findet dafür vielfältige Möglichkeiten – zum Beispiel durch folgende Aktionen.

WALDPÄDAGOGISCHE AKTIONEN

Der Wald ist vielfältig und bunt! Ein lebendiger Lernort voller Geheimnisse und Abenteuer. Zwischen hohen Bäumen, raschelnden Blättern und moosbedeckten Wegen gibt es für Kinder unendlich viel zu entdecken. Ob beim Spurenlesen, Basteln mit Naturmaterialien oder Lauschen der Waldesgeräusche – der Wald regt alle Sinne an und lädt dazu ein, spielerisch zu lernen, zu forschen und zu staunen.

FARBEN SAMMELN

Der Wald ist zu jeder Jahreszeit bunt und manchmal überrascht er uns mit Farbnuancen, die wir so gar nicht erwartet hätten. Bei einem Spaziergang lohnt es sich, genauer hinzuschauen. Schon kleine Kinder entdecken dabei Details, die den Erwachsenen oft entgehen!

Eine einfache Idee: Bereitet zu Hause Farbkarten vor (z. B. aus Pappe mit buntem Papier, alten Zeitschriften oder mit Farbstiften bemalt). Im Wald können nicht nur die Kinder, sondern auch die Erwachsenen Naturmaterialien suchen, die zu den Farbkarten passen: ein gelbes Blatt, ein brauner Zapfen, ein grünes Moospolster. So wird der Spaziergang zu einer Entdeckungsreise und schult ganz nebenbei das Wissen über den Wald und die Wahrnehmung.

Nicht nur Kinder erfreuen sich an bunten Herbstblättern.

TIPP: ERWEITERUNG DER AKTION

Als Ergänzung können auch Karten mit unterschiedlichen Formen vorbereitet werden. Im Wald zieht man jeweils eine Farb- und eine Formenkarte und begibt sich dann auf die Suche nach einem passenden Naturmaterial. Dabei sind ein gutes Auge und ein wenig Fantasie gefragt. Gar nicht mal so leicht!

BAUMKRONEN-SPAZIERGANG

Im Wald liegt der Fokus oft auf Erdung und Wurzeln. Wenn wir durch den Wald spazieren, achten wir meist auf den Waldboden und was uns auf Augenhöhe begegnet. Wir entdecken Wurzeln, Steine, Blumen am Wegesrand und können die Baumstämme sehen, die sich vor uns auftun. Doch hast du auch mal in den Himmel geschaut und das Blätterdach entdeckt? Wir möchten unseren Blick erweitern und die Perspektiven wechseln und begeben uns auf einen Baumkronen-Spaziergang. Ein kleiner Spiegel und ein geeigneter Platz, zum Beispiel an einen Baumstamm angelehnt, genügen dafür. Der Spiegel wird unter die Nase gehalten. Sofort eröffnet sich ein besonderer Blick in die Baumkronen. Es scheint, als würde man in den oberen Ästen und Blättern schweben. Vorsichtig können ein paar Schritte gemacht werden, um das Gefühl zu erleben, zwischen den Baumkronen zu spazieren.

Durch die Baumkronen zu spazieren, ist mit einem kleinen Spiegel möglich – ganz einfach und sicher.

MEIN BAUM

Ein Spiel, bei dem alle Sinne aktiviert werden: Mit verbundenen Augen wird die Person über Umwege an einen Baum herangeführt. Beim Führen auf Wurzeln und größere Steine achten. Jetzt kann die „blinde" Person an den Baum herantreten und markante Stellen erfühlen. Vorsichtig rundherum gehen und den Baum abtasten und fühlen, aber auch riechen oder hören, wenn zum Beispiel ein Vogel vorbeifliegt oder oben in der Baumkrone zwitschert. Dann führt man die Person zum Ausgangspunkt zurück und nimmt die Augenbinde ab. Welcher Baum war's? Die Spurensuche beginnt!

WALD-MEMORY

Ganz einfach, ganz klassisch: Man legt verschiedene Dinge aus dem Wald für die Kinder auf den Waldboden und sie versuchen, Paare zu bilden. Das kann alles sein: von Zapfen über Blätter bis hin zu bestimmten Steinen. Wenn man Glück hat, kann man das unauffällig während des Spaziergangs vorbereiten und muss gar nichts mitbringen. Sind die Kinder schon älter und bringen etwas Vorwissen mit, kann man die Schwierigkeitsstufe erhöhen: Lege beispielsweise ein Blatt auf den Waldboden, und nun können die Kinder die dazugehörige Frucht oder den dazugehörigen Zapfen suchen (geht auch in die andere Richtung). Dazu müssen sie herausfinden, zu welchem Baum das Blatt überhaupt gehört. Zu beachten ist, dass es da natürlich auch auf die Jahreszeit ankommt, denn nicht jede Frucht ist immer reif, wenn wir im Wald sind. Dieses Spiel kann auch als Gesprächsanfang dienen, um Baumwissen zu vermitteln.

FAQ

WAS SIND DIE WALDJUGENDSPIELE?

Die Waldjugendspiele sind ein bundesweites Projekt, das seit den 1970er-Jahren immer mehr Zulauf erhält. Jedes Jahr werden Schulklassen eingeladen, einen Parcours zu durchlaufen, bei dem mit Spiel und Spaß unterschwellig Waldwissen vermittelt wird. Die Kinder können immer viel interaktiv erleben und selbstständig entdecken. Organisiert wird das Projekt gemeinsam von den Forstbehörden, Kommunen, Vereinen und den Schulämtern.

WARUM IST DER WALD FÜR KINDER WICHTIG?

Der Wald ist ein Ort, an dem Kinder mit Spaß ganz viele neue Dinge lernen können. Dabei sprechen wir nicht unbedingt von Baumarten oder Vogelstimmen, sondern von grundlegenderen Dingen wie Koordination mit den unebenen Untergründen oder das Erlernen neuer Wörter. Sie lernen hier aber auch Rücksicht zu nehmen und einen respektvollen Umgang mit der Natur zu pflegen. Der Wald gibt den Kindern Freiraum zum Toben und Spaß haben.

IST DER WALD FÜR KINDER GEFÄHRLICH?

Der Wald ist für Kinder nicht mehr oder weniger gefährlich als für Erwachsene. Die Rede ist oft von den „waldtypischen Gefahren": Man kann über Äste stolpern, Totholz kann vom Wind herunterstürzen, Zecken können Krankheiten übertragen und auch giftige Pflanzen wachsen in den Wäldern. Vieles sind aber kalkulierbare Risiken, die mit guter Kommunikation und klaren Regeln umgangen werden können. Klassische Waldregeln für Kinder sind zum Beispiel: Nimm nichts aus dem Wald in den Mund oder entferne dich nur so weit, dass du andere noch sehen kannst.

WAS IST, WENN ICH EINE GIFTIGE PFLANZE ESSE?

Dann gilt es, keine Zeit zu verlieren. Rufe sofort den Giftnotruf an. Der ist in Deutschland regional unterschiedlich. Informiere dich dazu am besten im Vorfeld, wenn du öfter mit Kindern im Wald bist. Auch hier gilt: Im Zweifel einmal mehr anrufen als einmal zu wenig. Mach wenn möglich ein Foto von der Pflanze, damit die Ersthelfer*innen die Situation einschätzen können. Um solche Vorfälle zu verhindern, solltest du nur Pflanzen oder Pilze aus dem Wald essen, die du zu 100% richtig bestimmen kannst. Eine gefährliche Verwechslung stellen zum Beispiel Bärlauch und Maiglöckchen dar.

GIBT ES WALDPÄDAGOGIK-ZENTREN IN MEINER NÄHE?

Zum Glück hat sich die Schutzgemeinschaft Deutscher Wald (SDW) die Mühe gemacht, unter www.in-den-wald.de, eine deutschlandweite Übersicht für waldpädagogische Angebote zusammenzustellen. Hier findest du verschiedene Angebote und Kontaktdaten. Grundsätzlich sind Walderlebniszentren, Jugendwaldheime, BNE-Regionalzentren und auch die Besucherzentren unserer Nationalparks eine gute Anlaufstelle. Schau einfach mal auf der Website der Einrichtungen in deiner Nähe vorbei, damit kommst du mit Sicherheit weiter.

DIE ZUKUNFT DES WALDES

DER WALD ÄNDERT SICH. *Oder besser gesagt, wir ändern den Wald. Das hat der Mensch schon immer getan, und es ist nicht absehbar, dass sich daran bald etwas ändern wird. Änderungen sind per se nichts Schlechtes. Jeder Eingriff muss genaustens nach seinem Für und Wider geprüft werden. Auch müssen wir uns den Herausforderungen der Zeit stellen und neue Entwicklungen zulassen. Niemand wird mit Pferd und Lanze gegen den Klimawandel in den Kampf ziehen können. Werkzeuge der heutigen Zeit sind Naturschutzmaßnahmen oder der Einsatz erneuerbarer Energien. Die Forschung ist dran, weitere Konzepte und Lösungen zu erarbeiten und den Wald der Zukunft widerstandsfähig zu machen.*

WALD IM WANDEL DER ZEIT

Der Wald steht nicht allein da. Politik und Gesellschaft nehmen Einfluss auf ihn – schließlich geht uns der Wald alle an. Deshalb stellt sich die Frage: Wie sieht der Wald der Zukunft aus, und wie wollen wir ihn gestalten? Themen wie Naturschutz und Digitalisierung spielen dabei schon heute eine wichtige Rolle. Selbst die Landwirtschaft kann neue Chancen für mehr Naturschutz bieten. In diesem Kapitel zeigen wir dir spannende Ideen für unseren Wald.

NATUR NATUR SEIN LASSEN – SCHUTZGEBIETE IN DEUTSCHLAND

In Deutschland gibt es eine Vielzahl von unterschiedlichen Kategorien für Schutzgebiete. Dabei handelt es sich um besonders schöne und schützenswerte Landschaften. Doch was genau bedeuten diese Bezeichnungen überhaupt? Worin liegt eigentlich der Unterschied zwischen einem Natur- oder Nationalpark oder einem Biosphärenreservat?

Naturschutzgebiete sind ein wichtiger Rückzugsort für gefährdete Arten.

In Deutschland gibt es verschiedene Kategorien für Schutzgebiete. Diese sind durch das Bundesnaturschutzgesetz festgeschrieben. Die Schutzgebiete verfolgen alle das Ziel, die Natur mit ihren Lebensräumen und darin lebenden Arten zu erhalten. Dabei können der Schutzzweck und das Schutzziel ganz unterschiedlich sein. Auch die Größe des Gebietes oder Nutzungseinschränkungen variieren je nach Schutzgebietskategorie. Die wichtigsten Kategorien in Deutschland sind Naturschutzgebiete, Nationalparks, Biosphärenreservate, Landschaftsschutzgebiete und Naturparks. Außerdem gibt es nach europäischem Recht auch noch Natura-2000-Gebiete, die sich aus den Flora-Fauna-Habitat-Gebieten (FFH-Gebiete) und den Vogelschutzgebieten zusammensetzen.

Teilweise können sich die verschiedenen Kategorien auch überlappen, also gleichzeitig auf einer Fläche vorkommen. FFH-Gebiete sind zum Beispiel oft gleichzeitig Naturschutzgebiete. In Naturparks gibt es oftmals Landschaftsschutzgebiete und dazu auch Naturschutzgebiete. Wer soll da eigentlich durchblicken? Was die einzelnen Bezeichnungen bedeuten und wie sie sich voneinander unterscheiden, wollen wir nun einmal erklären.

NATIONALPARKS

Nationalparks sind nach § 24 Bundesnaturschutzgesetz geschützt. Im Vordergrund steht dabei der Schutz der Natur und deren Entwicklung ohne menschlichen Einfluss. Das wird auch als Prozessschutz bezeichnet: Es darf also gar nichts genutzt werden. Das Motto der Nationalparks lautet deshalb „Natur Natur sein lassen". Die Natur soll sich also auf diesen Flächen völlig ungestört entwickeln können. Dennoch sollen die Nationalparks auch zur Beobachtung, Forschung und Umweltbildung dienen.

WUSSTEST DU SCHON ...?

Sowohl der größte als auch der kleinste Nationalpark Deutschlands liegen in Mecklenburg-Vorpommern. Der größte ist der Nationalpark Müritz mit 332 km², während Jasmund nur circa 30 km² groß ist.

NATURSCHUTZGEBIETE

Naturschutzgebiete (kurz: NSG) gehören neben den Flächen der Nationalparks zu den sehr streng geschützten Gebieten in Deutschland. Auch hier sollen Arten ungestört leben und ihr Lebensraum soll sich selbst überlassen werden. Im Gegensatz zu den Nationalparks sind die meisten Naturschutzgebiete jedoch sehr klein. Damit sind sie auch anfälliger für Einflüsse von außen, wie zum Beispiel durch die Landwirtschaft und den damit verbundenen Nährstoff- und Pestizideintrag oder Entwässerung.

Dieser Auwald steht unter Schutz.

NATURPARKS

In Deutschland gibt es 104 Naturparks. Naturparks dienen dem Schutz und dem Erhalt von Kulturlandschaften. Das sind Landschaften, die unter dem Einfluss von menschlichem Handeln stehen. Dabei sollen die Biotop- und Artenvielfalt erhalten werden. Aber auch Erholung, Tourismus und eine nachhaltige, der Landschaft entsprechenden Landnutzung sollen ermöglicht werden. Im Unterschied zum Nationalpark ist hier also nicht das Ziel, dass sich die Natur ohne menschlichen Einfluss entwickelt. Vielmehr sollen Landschaftsgebiete, die durch menschlichen Einfluss entstanden sind, durch Pflege- und Schutzmaßnahmen erhalten werden.

Auch im Winter ist der Wald schön.

LANDSCHAFTSSCHUTZGEBIETE

Das Ziel dieser Kategorie ist es, die Landschaft in ihrem Aussehen und ihrer Besonderheit zu erhalten. Im Vergleich zu Naturschutzgebieten sind Landschaftsschutzgebiete größer und unterliegen deutlich geringeren Nutzungseinschränkungen. Auch forst- oder landwirtschaftlich genutzte Flächen gehören oft zu Landschaftsschutzgebieten.

BIOSPHÄRENRESERVATE

In Deutschland gibt es 18 Biosphärenreservate. Sie dienen dem Schutz und Erhalt von Kultur- und Naturlandschaften. Insgesamt nehmen sie eine Fläche von 2 Millionen Hektar ein. Zieht man die Wasserflächen ab, so verbleiben circa 666.000 Hektar. Momentan nehmen sie rund 4% der Landesfläche Deutschlands ein. Ähnlich wie in Nationalparks gibt es auch in Biosphärenreservaten eine Einteilung in Zonen. Dabei gibt es eine Kernzone, in der keine Nutzung vollzogen werden soll. Der Anteil dieser Fläche soll jedoch nur bei circa 3% liegen. Pflege- und Kernzone zusammen bilden einen Anteil von circa 20%. Sie umgibt die Entwicklungszone.

NATIONALE NATURMONUMENTE

Diese Kategorie für Schutzgebiete ist noch relativ neu. Sie wurde erst 2010 im Bundesnaturschutzgesetz ergänzt. Gründe für die Ausweisung eines Naturmonumentes können kulturhistorisch bedingt sein, aber auch aufgrund der Schönheit und/oder Seltenheit des Gebietes. Auch archäologische Stätten oder Kulturdenkmäler können als Nationale Naturmonumente ausgewiesen werden. Diese Kategorie ist sozusagen eine Schnittstelle zwischen Natur- und Denkmalschutz. Ein Beispiel dafür ist das Grüne Band: der ehemalige Grenzstreifen, der Deutschland mal in Ost und West geteilt hat.

WUSSTEST DU SCHON ...?

Es gibt neben den Naturmonumenten auch Naturdenkmäler. Diese haben aber eher eine regionale bzw. lokale Bedeutung. Naturdenkmäler sind beispielsweise alte Dorf- oder Hoflinden.

DURCH PROZESSSCHUTZ ZUM URWALD?

Wälder erfüllen für uns Menschen viele verschiedene Funktionen. Um den Schutz des Ökosystems Wald zu gewährleisten, gibt es die Forderung, Wälder ganz aus der Nutzung zu nehmen. Sie sollen sich dadurch frei von menschlichen Einflüssen entwickeln können. Was Prozessschutz bedeutet und warum die natürliche Waldentwicklung nicht überall sinnvoll ist, versuchen wir nun zu erklären.

WAS IST PROZESSSCHUTZ?

Unter dem Begriff Prozessschutz versteht man, vereinfacht gesagt, die Stilllegung von Wäldern. Man nimmt einen Wald dauerhaft aus der forstwirtschaftlichen Nutzung heraus und setzt ihn keinen weiteren menschlichen Einflüssen aus. Man überlässt den Wald seiner natürlichen Entwicklung. Das Ziel ist, dass sich natürliche Prozesse und Abläufe im Wald wieder einstellen können. Der Mensch wartet einfach ab, was dort passiert.

Entwicklungen vom Prozessschutz können wir bereits im Nationalpark Harz beobachten. Hier werden die Flächen mit vom Borkenkäfer befallenen Fichten nicht wieder aufgeforstet. Solche Absterbeprozesse gehören zu einer natürlichen Waldentwicklung dazu. Eins muss man sich aber bewusst machen: Eine Fläche, die vollständig vom Menschen unbeeinflusst ist, gibt es in Deutschland nicht. Menschengemachter Klimawandel oder Stickstoffeinträge durch landwirtschaftliche Düngung und Abgase von außerhalb lassen sich auch in einem Prozessschutzgebiet nicht vermeiden. Aber: Je größer das Schutzgebiet ist, desto geringer ist auch der menschliche Einfluss von außen.

WUSSTEST DU SCHON ...?

Aus der Nutzung genommene Wälder, die also in den Prozessschutz übergehen, werden auch als NWE-Flächen bezeichnet: Natürliche Waldentwicklungsflächen.

WOZU GIBT ES PROZESSSCHUTZ?

Der Prozessschutz soll Wäldern ermöglichen, sich ihrer natürlichen Entwicklung hinzugeben. Die forstwirtschaftliche Nutzung beeinflusst die Wälder. Es werden beispielsweise Bäume gefällt, die eigentlich viel älter werden könnten. Manche Bäume sind krumm oder haben sehr viele Äste, manche stehen am falschen Ort und bedrängen die wirtschaftlich wertvollen Bäume. Für die Holzproduktion sind sie dann nicht so attraktiv, aber für viele Tier-, Pilz- und Pflanzenarten sind genau diese Bäume besonders wichtig. Kleinststrukturen an Bäumen, sogenannte Mikrohabitate, bieten wichtige Nahrungs- und Lebensgrundlagen für unzählige Arten. Dazu gehören beispielsweise abgestorbene starke Äste, Stammrisse oder Spechthöhlen. In einem Wald, der unter Prozessschutz steht, können sich viele Mikrohabitate entwickeln. Dies leistet einen wichtigen Beitrag zum Erhalt der Artenvielfalt.

Mikrohabitate wie abgestorbene Äste oder fehlende Rinde sind wichtige Nahrungs- und Lebensgrundlage für unzählige Arten.

Die Beobachtung solcher Prozesse bietet außerdem eine wichtige Forschungsgrundlage, um zu verstehen, wie die natürliche Dynamik in einem Waldökosystem funktioniert. Solche wissenschaftlichen Erkenntnisse sind in einem wirtschaftlich genutzten Wald nur bedingt möglich, in Zeiten des Klimawandels aber umso wichtiger.

ALTER WALD

Wälder, die nicht forstwirtschaftlich genutzt werden, sollen gaaanz, gaaanz alt werden. Dadurch erreichen sie späte Waldentwicklungsphasen, wie die Zerfalls- und Zusammenbruchsphase. Man konnte nachweisen, dass die Artenvielfalt in diesen Phasen enorm ansteigt. Das hat vor allem mit dem Anstieg von Totholz und von Mikrohabitatstrukturen zu tun. Sie bieten einen wichtigen Lebensraum für viele Insekten und Pilze. Diese späten Waldentwicklungsphasen sind also enorm wichtig für den Schutz von Biodiversität.

Forstwirtschaftlich genutzte Wälder erreichen meist gar nicht die späten Waldentwicklungsphasen. Natürlicherweise würden alle Waldentwicklungsphasen in einem Wald nebeneinander vorkommen. Stirbt ein alter Baum und reißt so ein Loch in das Kronendach, wächst ein junger nach. Etwa so wie ein Flickenteppich, bei dem man die Löcher nach und nach flickt. Wälder, die alle Waldentwicklungsphasen durchlaufen können, besitzen außerdem eine bessere Regenerationsfähigkeit.

WUSSTEST DU SCHON ...?

Nationalparks gehören zu den größten Gebieten, in denen keine menschliche Nutzung stattfindet. Betrachtet man nur die Landfläche, so machen die Nationalparks insgesamt nur 0,6 % der Fläche Deutschlands aus.

STILLGELEGTE WÄLDER – URWÄLDER VON MORGEN?

Die Forderungen nach Stilllegung von Waldflächen kommen aus den Biodiversitätsstrategien der EU und dem Bund sowie aus dem Bundesnaturschutzgesetz. Die nationale Strategie für Biodiversität forderte im Jahr 2007, dass 5 % der gesamten Waldfläche in Deutschland bis 2020 stillgelegt wird. Im öffentlichen Wald sollten es insgesamt 10 % sein. Die Preisfrage lautet nun natürlich: Hat man dieses Ziel erreicht?

Die Antwort lautet: Nein. Ende 2020 befanden sich 3,1 % der Wälder im Prozessschutz. Die Tendenz ist zwar steigend, aber damit ist das Ziel von 5 % bisher noch nicht erreicht.

WARUM IST DAS ERREICHEN DER 5 % SO SCHWIERIG?

Und warum legen wir nicht einfach alle Wälder still? Die Nutzung von Wald stellt nicht nur einen wichtigen nachwachsenden Rohstoff bereit. Sie kann auch zum Schutz und zum Erhalt ganz besonderer Waldstrukturen beitragen.

Dass wir aktuell noch nicht bei den 5% angelangt sind, hat zum einen damit zu tun, dass man die Flächen für die natürliche Entwicklung erst mal auswählen muss. Dabei gibt es natürlich Flächen, die aus Sicht des Naturschutzes einen höheren Wert besitzen als andere, da sie beispielsweise bestimmte Arten beherbergen. Außerdem ergibt es Sinn, Waldflächen auszuwählen, auf denen eine Nutzung bisher sowieso schwierig ist, denn wenn die Nutzung hier wegfällt, sind die finanziellen Einbußen geringer und die Entscheidung zur Stilllegung fällt leichter.

KONTROVERSEN ZUM PROZESSSCHUTZ

Hier kommen wir auch schon zur größten Kontroverse des ganzen Themas Prozessschutz: Wenn wir Wald stilllegen, Holz als Rohstoff aber gefragt ist, wo kommt das Holz dann her? Beispielsweise aus Schweden, Russland oder Rumänien. Doch wie nachvollziehbar sind die Bedingungen der Holzgewinnung dort für uns? Und wie klimaschonend ist der Rohstoff noch nach kilometerweitem Transport? Wälder in Deutschland ganzflächig stillzulegen wäre demnach also nicht zielführend. 5% der gesamten Fläche sollten aber dennoch möglich sein, um die Ziele des Artenschutzes zu verfolgen.

Doch ist ein stillgelegter Wald auch gleich ein Urwald? Als Urwälder bezeichnet man die Wälder, die noch nie von Menschen beeinflusst wurden. In Deutschland gibt es das nicht mehr. In den Karpaten in Rumänien findet man beispielsweise noch Wälder, die der Mensch vermutlich niemals genutzt hat. Wälder, die stillgelegt werden, können sich zwar wieder urwaldähnlich entwickeln, aber ohne menschlichen Einfluss werden sie dennoch nicht sein.

VON EINER ANDEREN SEITE AUS GESEHEN

Manche sehen in dem Prozessschutz einen Verlust der Vielfalt von verschiedenen Strukturen. Einige Forscher*innen haben die Befürchtung, dass es in Prozessschutzwäldern zu starker Verdunkelung kommt, was vor allem lichtbedürftige Arten negativ beeinflusst. Solchen Arten helfen gezielte naturschutzfachliche Maßnahmen durch den Menschen. Durch das Stilllegen von Wald wird außerdem die wichtige Ressource Holz nicht genutzt, was wiederum dem Ziel entgegensteht, CO_2 einzusparen.

Sowohl stehendes, als auch liegendes Totholz ist in einem Wald wichtig.

AGROFORST – WIE BÄUME DER LANDWIRTSCHAFT HELFEN KÖNNEN

Die Dürre der letzten Jahre war nicht nur für den Wald und dessen Förster*innen eine schwierige Zeit. Auch Landwirt*innen hatten Probleme, ihre Ernte einzufahren. Nach 2019 kam es aufgrund der Trockenheit zu Ernteausfällen. Eine Bewässerung der Felder war notwendig, um die Ausfälle möglichst gering zu halten. Eine Lösung ist in der Kombination aus Land- und Forstwirtschaft zu finden: Agroforst.

WIE BÄUME AUF´S FELD KOMMEN

Agroforst ist eine Kombination aus Landwirtschaft und Forstwirtschaft, bei der sich beide Systeme positiv beeinflussen sollen. Kurz gesagt: Man pflanzt Bäume auf eine Ackerfläche. Das bewirkt einige positive Effekte, zum Beispiel verbessert sich die Bodenfruchtbarkeit und die Wasserversorgung. Außerdem wird die monotone Ackerwüste zu einem strukturreicheren Lebensraum für viele Tiere. Also ist so ein Agroforstsystem nicht nur gut für uns Menschen, sondern auch für die Artenvielfalt.

HUTEWALD = GUTER WALD?

Dieses Konzept ist keinesfalls neu: Hutewälder sind Beispiele für historische Waldnutzung und die Verbindung von Wald- und Landwirtschaft. Durch Hutewälder kam einiges an Vieh durch den Winter, lange bevor moderne Futtermöglichkeiten entwickelt wurden. Dafür wurden Schweine oder Kühe in den Wald getrieben, in welchem sie sich von den Blättern oder den Früchten – wie Eicheln, Bucheckern oder Kastanien – der Bäume ernähren

In Hutewäldern haben die Bäume Platz, richtig in die Breite zu wachsen.

konnten. So konnten nur wenige junge Bäume nachwachsen, wodurch eine lichte Waldform entstand. Nicht nur diese Hutewälder, sondern auch viele Waldinseln auf Feldern verschwanden mit dem Anspruch der Landwirt*innen, ihre Fläche möglichst komplett zu nutzen.

RETTUNG DER KONVENTIONELLEN LANDWIRTSCHAFT

Agroforst ist darauf ausgelegt, dass sich die natürliche Bewirtschaftung dem jeweiligen Ökosystem anpasst und dieses nicht zerstört.
Durch die Ernte der Feldfrüchte werden dem Boden Nährstoffe entzogen. Durch das Laub der Bäume gelangen jedoch wieder Nährstoffe in den Boden, sodass dieser nicht an Fruchtbarkeit verliert. Diese

Art der Bewirtschaftung kann die Bodenfruchtbarkeit verbessern. Dieser Prozess sorgt für eine Rückführung von Nährstoffen und erhöht durch das absterbende und dann in den Boden eingearbeitete organische Material den Kohlenstoffspeicher. Die Wurzeln der Bäume reichen durch die Konkurrenz mit den Ackerpflanzen viel tiefer in die Erde und festigen diese. Außerdem halten sie das Wasser weiter oben im Boden, wodurch die angepflanzten Feldfrüchte es besser erreichen. Trockenheit kann man so vorbeugen. Die Wasserqualität verbessert sich durch die filternde Funktion der Wurzeln ebenfalls.

Bäume und Sträucher bieten auch einen größeren Lebensraum. Wenn hier Vögel leben, verringert sich die Zahl der Insekten. Eine chemische Bekämpfung von Schadinsekten kann man so minimieren oder sogar ganz überflüssig machen. Die bepflanzten Streifen spenden im Sommer Schatten und schützen den Boden so abermals vor der Austrocknung.

Alle Vögel profitieren von mehr Bäumen und Sträuchern in der Offenlandschaft.

WUSSTEST DU SCHON...?

Die Bepflanzung eines Ackers mit einem Baum- oder Strauchstreifen kann die Windgeschwindigkeit um bis zu 80 % verringern.

WIE AGROFORST DEN AMAZONAS RETTET

Das Prinzip des Agroforst könnte den Amazonas-Regenwald retten. Durch die Rodung der Flächen und die Beweidung durch das Vieh werden die Böden zunehmend unfruchtbar. Landwirt*innen ziehen weiter, roden die nächste Fläche und lassen wieder eine neue Einöde zurück. Dadurch sind circa 30 Millionen Hektar Weideland im Amazonasgebiet bereits nicht mehr nutzbar. Jetzt wandeln innovative Landwirt*innen diese verlassenen Flächen zunehmend in Agroforstflächen um. Die angepflanzten Bäume spenden Schatten und helfen so jungen Pflanzen zu neuem Wachstum. So bleibt den Landwirt*innen ihre Lebensgrundlage erhalten und sie schützen den Regenwald vor weiterer Abholzung.

AGROFORST – IN DEUTSCHLAND EINE LÖSUNG?

Die Kosten einer Flächenumwandlung und die vorerst gefürchteten Einbußen in der Flächengröße schrecken viele Landwirt*innen ab. Die Ernte auf einer Agroforstfläche wird jedoch trotz Flächenverkleinerung gesteigert. So wird auf 100 Hektar Agroforstfläche dieselbe Ernte wie auf 140 Hektar reiner Landwirtschaftsfläche erbracht. In Frankreich haben sich die Agroforstflächen deswegen in den letzten 10 Jahren verzehnfacht. Und nicht nur die Ackerpflanzen bringen den Landwirt*innen Gewinne ein, sondern auch die Bäume, welche ihre Arbeit getan haben und dann durch neue Jungbäume ersetzt werden.

WINDENERGIE AUS DEM WALD – ZU LASTEN DES NATURSCHUTZES?

Ist Windenergie im Wald eine Chance, erneuerbare Energien noch weiter voranzubringen? Windenergieanlagen prägen unser Landschaftsbild bereits im Offenland, doch seit einigen Jahren nimmt der Ausbau auch im Wald zu. Der Wald kann den Klimawandel nicht im Alleingang aufhalten – es besteht dringender Handlungsbedarf. Der Ausbau von erneuerbaren Energien, wie beispielsweise der Windkraft, soll unter anderem dazu beitragen, menschengemachte Emissionen von Treibhausgasen zu verringern.

WUSSTEST DU SCHON …?

In Deutschland gibt es circa 28.700 Onshore-Windenergieanlagen mit einer gemeinsamen Leistung von etwa 63.400 Megawatt (Stand 2024).

BAUM VS. KILOWATT?

Während auf der einen Seite der Ausbau der erneuerbaren Energien voranschreiten soll, um so die Energiewende in Deutschland anzutreiben und dem Klimawandel entgegenzuwirken, steht auf der anderen Seite der notwendige Eingriff der Flächenrodung im Wald sowie die Auswirkungen auf die Tierwelt, vor allem auf Vögel und Fledermäuse.

Die Errichtung von Windenergieanlagen im Wald führt zu einer weiteren Zerschneidung und Zerstörung des Lebensraums Wald. Die verlorene Fläche steht dem Schutz und Erhalt von Wäldern entgegen. Eine weitere Beeinträchtigung, ebenso wie im Offenland oder auf dem Wasser, sind die Lärm- und Schattenemissionen der Windenergieanlagen.

Während sie im Wald zwar weniger den Menschen beeinflussen, wirken sie sich doch negativ auf die Tierwelt aus. Die Anlagen und die Rotorblätter sind eine Gefahr für Vögel und Fledermäuse. Im schlimmsten Fall kann es zu Kollisionen mit Vögeln

Windenergieanlagen im Wald? Auch hier soll der Ausbau deutlich erhöht werden, um die Energiewende weiter voranzubringen.

kommen, teilweise zerschneiden und stören die Anlagen aber auch die Flugrouten oder Brutplätze bestimmter Arten. Wie viele Vögel jährlich wirklich durch Kollisionen verenden, ist nicht genau bekannt. Die Dunkelziffer ist wahrscheinlich deutlich höher als die Anzahl der gefundenen Tiere. Gleichzeitig stirbt der größte Teil der Vögel durch Kollision mit Glasfassaden und im Straßenverkehr. Und der Klimawandel, befördert durch fossile Energie, droht noch wesentlich mehr Vögel und andere Tiere zu töten. Schon allein die Lebensraumzerstörung, die mit den Veränderungen im Klima einhergehen, weil beispielsweise Wälder Stürmen und Käferplagen zum Opfer fallen, gefährdet die Tiere mehr.

WUSSTEST DU SCHON ...?

Im Durchschnitt verbrauchen deutsche Haushalte 1.300 kWh pro Jahr. Ein Windrad produziert im Jahr circa 4-7 Mio. kWh. Ein einziges Windrad kann also 1.200-3.000 Haushalte mit 3 Personen für ein Jahr lang versorgen. Offshore-Anlagen können sogar bis zu 60.000 Mio. kWh erzeugen und bis zu 17.000 Haushalte ein Jahr lang versorgen.

ENERGIEWENDE IN DEUTSCHLANDS WÄLDERN?

Auf den Klimawandel ausgerichtete Politik strebt an, das „fossile" Zeitalter in Deutschland hinter sich zu lassen und mit dem Ausbau von erneuerbaren Energien das 1,5-Grad-Ziel im Kampf gegen den Klimawandel zu erreichen. Bis zum Jahr 2030 sollen 80 % des Stroms aus erneuerbaren Energien stammen. Die in Deutschland am stärksten vertretene erneuerbare Energie ist die Windkraft.
Neben Offenlandflächen werden auch Waldflächen immer attraktiver, um Windenergieanlagen zu errichten. Seit 2010 ist hier ein deutlicher Anstieg zu verzeichnen. Während damals jede achtzehnte Windenergieanlage im Wald stand, war es im Jahr 2016 bereits jede vierte. Doch was macht die Windenergie im Wald überhaupt so attraktiv?

WINDKRAFTRÄDER IM WALD

Die Standorte der Windenergieanlagen im Wald haben in den letzten Jahren zugenommen. Stand 2021 befanden sich 2.300 Anlagen im Wald und machten 11 % der gesamten Leistung aus. Mehr als 90 % der Anlagen in Waldgebieten liegen in

Baden-Württemberg, Bayern, Brandenburg, Hessen und Rheinland-Pfalz. Wieso weicht man von Offenlandschaften auf die Wälder aus? Die Antwort ist recht einfach: Der Platz reicht in den Offenlandschaften nicht mehr aus. Vor allem waldreiche Bundesländer wie Rheinland-Pfalz oder Hessen besitzen einfach nicht genügend windhöffige Standorte in Offenlandschaften, in denen man Windenergieanlagen konfliktfrei errichten könnte. Da man einen weiteren Ausbau von Windenergieanlagen anstrebt, erhöht sich vermutlich auch der Anteil der Waldstandorte. Auch in waldärmeren Bundesländern wie Brandenburg gibt es bereits Anlagen im Wald.

Doch nicht alle Bundesländer machen den Weg frei für die Windenergie im Wald. In Thüringen ist seit einer Änderung des Landeswaldgesetzes die Errichtung von Windenergieanlagen nur in Offenlandschaften möglich. Auch in Schleswig-Holstein und Mecklenburg-Vorpommern ist eine Errichtung im Wald nicht möglich. In NRW und Niedersachsen ist es momentan nur eingeschränkt zulässig.

WAS MACHT WINDENERGIE IM WALD SO ATTRAKTIV?

Erst durch den neuen technischen Fortschritt ist dies überhaupt möglich. Windräder sind heute viel höher als die „älteren Generationen“. Dadurch ragen sie weit über die Baumkronen hinaus und können den Wind, der weiter oben viel regelmäßiger weht, noch effizienter einfangen.

Ein Vorteil von Waldstandorten ist, dass diese meist in größerer Entfernung zu Siedlungsgebieten liegen, wodurch das Konfliktpotenzial mit Anwohner*innen kleiner ist. Für Waldbesitzer*innen dürfte vor allem die Zahlung einer Pacht für die Flächennutzung durch das Windenergieunternehmen äußerst attraktiv sein. Diese kann eine Höhe von mehreren 10.000 Euro pro Windrad erreichen.

WUSSTEST DU SCHON ...?

Das größte Windrad steht in der Nähe von Stuttgart. Es hat eine Gesamthöhe von 246,5 Metern!

WELCHE WALDFLÄCHEN DÜRFEN GENUTZT WERDEN?

Bei der Auswahl von Standorten für Windenergieanlagen soll man vor allem Waldflächen mit einem geringen naturschutzfachlichen Wert, mit möglichst großem Abstand zu Siedlungen und bereits bestehender Infrastruktur auswählen. Als naturschutzfachlich wertvoll gelten zum Beispiel besonders alte Waldbestände mit heimischen Baumarten, die viele Alt- und Habitatbäume aufweisen. Weniger wertvoll wären hingegen stark genutzte Wälder mit Reinbeständen. Außerdem soll man entstandene Freiflächen durch Sturm oder Kalamitäten für die Errichtung von Windenergieanlagen bevorzugen.

Als sogenannte Tabu-Gebiete gelten Naturschutzgebiete oder auch Nationalparks. Hier dürfen keine Anlagen stehen. Standorte wie Landschaftsschutzgebiete oder FFH-Gebiete müssen zunächst überprüft werden. Auf Landschaftsschutzgebieten soll der Ausbau in Deutschland nun jedoch auch

Vor allem der Rotmilan gilt als besonders von Windkraftanlagen gefährdete Vogelart.

erhöht werden. Wenn ein Standort für den Bau einer Windenergieanlage infrage kommt, muss dauerhaft eine gewisse Fläche an Wald gerodet werden, die anschließend neu bepflanzt wird. Natürlich braucht die Anlage Platz. Und es muss auch eine Infrastruktur geschaffen werden, um die Anlage beispielsweise instand zu halten.

WUSSTEST DU SCHON ...?

Im Durchschnitt werden für den Bau einer Windenergieanlage im Wald circa 0,46 Hektar Fläche dauerhaft umgewandelt. Das entspricht ungefähr einem halben Fußballfeld.

SIND WINDENERGIEANLAGEN FÜR DEN WALD GEFÄHRLICH?

Windenergieanlagen stellen vor allem für Vogel- und Fledermausarten eine Gefahr dar. Zu einer besonders beeinträchtigten Art zählt der Rotmilan. Diese gilt als am meisten von Kollision betroffene Vogelart. Eine Studie kam außerdem zu dem Ergebnis, dass das Vorkommen von Rotmilanen mit dem Vorkommen von mehr Windenergieanlagen deutlich abnimmt. Auch auf die Diversität bestimmter Fledermausarten hat der Ausbau von Windenergie im Wald einen negativen Einfluss. Eine Studie im Bayerischen Wald kam zu dem Ergebnis, dass für Arten wie die gefährdete Breitflügelfledermaus, den Großen Abendsegler, die Zwergfledermaus, oder die stark gefährdete Zweifarbfledermaus ein besonders hohes Risiko besteht.

IST EIN KOMPROMISS DIE LÖSUNG?

Sowohl den Erhalt von Waldflächen als Schutz- und Lebensraum für Tier- und Pflanzenarten und weiteren Ökosystemleistungen, als auch den Ausbau von erneuerbaren Energien um das 1,5-Grad-Ziel zu erreichen, kann man als enorm wichtig ansehen. Sie kollidieren aber in einigen Aspekten stark miteinander. Was kann man tun, um für beide angestrebten Ziele einen Lösungsweg zu finden? Wie so oft ist ein Kompromiss nötig. Fraglich ist dabei, inwieweit man auf einem der beiden Gebiete Abstriche machen kann und sollte.

Besonders wichtig ist die Auswahl des Standortes. Auch wenn es etwas verrückt klingt, ist Wald nicht gleich Wald. Vor allem naturschutzfachlich wertvolle Waldflächen sollte man beim Bau von Windenergieanlagen vermeiden. Wichtig ist auch ein angemessener Abstand zu Flugrouten und Brutplätzen und die Beachtung von Brut- und Setzzeiten während der Errichtung und des Betriebs der Anlagen. Sinnvoll ist außerdem ein intervallartiges Abschalten der Anlagen. Aus Norwegen gibt es außerdem erste Ergebnisse aus einer Studie, die zu dem Ergebnis kam, dass eine farbliche Hervorhebung der Rotorblätter die Kollisionsgefahr verringern konnte.

EXKURS:

Forstwirtschaft wird digital – mit Tablet und GPS im Wald

Wenn man an Digitalisierung denkt, denkt man wohl kaum an den Wald. Gut, viele Menschen gehen in den Wald, um sich zu erholen und um der digitalen Welt zu entfliehen. Wenn der Wald aber der Arbeitsplatz ist, dann sind Förster*innen über jede digitale Arbeitserleichterung froh.

VOM PFERD ZUM TABLET

Was heute unvorstellbar ist, war bis in die Mitte des 20. Jahrhunderts noch normal. Förster (und tatsächlich nur Förster) ritten früher noch mit Pferden in den Wald, um ihrer Arbeit nachzu...reiten. Der Forst modernisierte sich und das Pferd wurde dann nach und nach durch das Auto ersetzt. Beim Auto hat die Modernisierung aber nicht angehalten. So werden sukzessive die Aufgaben und Werkzeuge von Förster*innen digitalisiert.

Begleiten wir einen klassischen Tag im Leben von Förster*innen, sehen wir schnell, welche Rolle die Digitalisierung heute spielt. Beginnen wir beim Auszeichnen. Eine Försterin macht sich auf den Weg, um schöne Buchen für den Holzverkauf zu suchen und fällen zu lassen. Der Wald ist für die Försterin als digitales Double in ihrem Tablet hinterlegt. Eingeteilt ist er in Flächen, sogenannte Abteilungen. Tippt sie auf die Karten, erscheinen unterschiedliche Informationen über die Abteilung: Infos zum Standort, zur Bodenbeschaffenheit oder zu Baumarten. Außerdem kann sie herauslesen, wie viel Kubikmeter Holz dort stehen, wie alt der Wald ist, welche forstlichen Maßnahmen man in den letzten Jahren getätigt hat und welchen Naturschutzstatus der Wald hat. Und das ist noch lange nicht alles. Nun hat sich die Försterin eine Abteilung ausge-

Moderne Technik im Wald: hätte sich vor hundert Jahren noch niemand erträumen können.

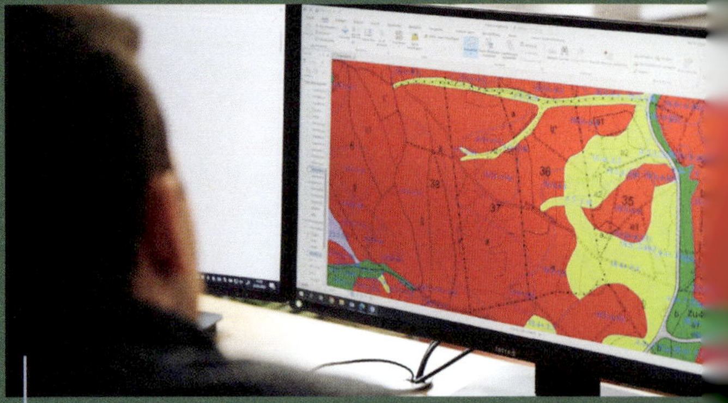

Mit dieser Software lässt sich auf den Meter genau feststellen, welche Bodenart vorhanden ist.

sucht, in der einige Buchen stehen, die alt genug sind, um geerntet zu werden. Sie markiert den ersten Baum mit Sprühfarbe und gleichzeitig markiert sie den GPS-Standort in ihrem Tablet. So erstellt sie eine digitale Karte, und so wissen die Forstwirt*innen genau, wo sie die Bäume finden können.

HOLZERNTE DIGITAL

Gesagt, getan, die Bäume wurden gefällt. Nun muss eine Rückemaschine die Baumstämme aus dem Wald ziehen. Das Personal bekommt eine Karte mit eingezeichneten Rückegassen zur Verfügung gestellt, sodass niemand im Wald kreuz und quer fährt. Sind die Stämme aus dem Wald gezogen, liegen sie am Wegesrand als Holzstapel (Polter).

Damit die Försterin weiß, wie viel Holz sie dem Sägewerk anbieten kann, könnte sie alles händisch vermessen. Oder sie macht drei Fotos mit ihrem Tablet und lässt sich alles gemütlich von einer Software ausrechnen. Schnell noch ein GPS-Punkt hinzugefügt und das Fuhrunternehmen weiß genau, wo der Polter zu finden ist. Wie einfach und schnell das geht! Kaum zu glauben, dass man früher und an mancher Stelle auch heute noch, alles handschriftlich und per handgemalter Karte gemacht hat.

MIT SATELLITEN AUF BORKENKÄFERJAGD

Immer häufiger werden auch Satelliten in der Forstwirtschaft genutzt. Die grünen Chloroplasten, also die grünen Teilchen im Blatt, die für die Fotosynthese zuständig sind, strahlen andere Wellenlängen und Farben zurück. Und über die Wellenlänge der Strahlung können dann die Blätter identifiziert und so Bäume erkannt werden. Das machen sich auch einige Unternehmen hier in Deutschland zunutze. Fichtennadeln, die frisch und grün sind, werden anders vom Satelliten wahrgenommen, als Fichtennadeln, die an Bäumen hängen, die vom Borkenkäfer befallen sind. Anstatt im Wald nach Bohrmehl zu suchen, kann man so anhand von Satellitenbildern kranke Bäume identifizieren und schnell aus dem Wald holen. Auch die Gesundheit der Baumkronen und damit der Wälder kann man so abschätzen.

WUSSTEST DU SCHON ...?

Auch Drohnen haben in die Forstwirtschaft Einzug gefunden. Große Drohnen und Saatkugeln können mittlerweile Freiflächen wiederbewalden.

Der Stand der Digitalisierung ist im Wald ganz unterschiedlich fortgeschritten. In manchen Forstbetrieben kann man sich vor lauter Technik kaum retten, andere Betriebe besinnen sich aufgrund ihrer geringen Größe oder finanziellen Situation lieber auf Stift und Papier. Es schlummert in der Forstwirtschaft also noch mehr Potenzial zur Digitalisierung.

Jan erzählt irgendwas auf YouTube, während im Hintergrund schnell ein Polter vermessen wird.

FAQ

SCHRUMPFT DER WALD DURCH WALDRODUNG?

Dass man als Waldbesitzer*in einfach seinen Wald rodet und nach dem Kahlschlag beispielsweise Mais anbaut oder eine Industriehalle dahin baut, ist in Deutschland verboten. Jede Fläche in Deutschland hat eine bestimmte Widmung und im Wald ist es eben Waldfläche. Nur weil dort keine Bäume stehen, weil sie zum Beispiel vom Borkenkäfer aufgefressen wurden, heißt es nicht, dass es kein Wald mehr ist. Der Waldbesitzer oder die Waldbesitzerin muss dafür sorgen, dass auch wieder neuer Wald nachwächst. Der Flächenverlust von deutschen Wäldern ist also sehr gering.

WIE BEKOMMEN WIR DEN WALD WIEDER GESUND?

Ein Begriff, den du auch in unseren Videos ganz oft hörst, ist der klimastabile Mischwald. Wir wollen in der Zukunft möglichst viele verschiedene Baumarten auf einer Fläche haben und die Bäume sollen unterschiedlich alt sein, also ganz dicke Bäume neben ganz dünnen. Je durchmischter der Wald aussieht, desto besser. Wenn dann einzelne Arten absterben, stirbt nicht direkt der ganze Wald und es gibt schon junge Bäume, die die Lücken füllen können.

MÜSSEN MASCHINEN DURCH DEN WALD FAHREN?

Große Maschinen im Wald werden zurecht heiß diskutiert. Immerhin sieht es manchmal ganz schön wüst aus, nachdem der Harvester oder Forwarder aus dem Wald kommt. Dennoch gibt es zwei wichtige Punkte, die für eine Befahrung der Rückegassen sprechen. Erstens gibt es keine wirklich flächendeckende Alternative, um das Holz aus dem Wald zu bekommen. Ja, es gibt Rückepferde, aber davon haben wir viel zu wenige und die kommen schnell an ihre Grenzen beziehungsweise an die Grenzen des Tierschutzes, denn große Dachbalken entstehen aus sehr, sehr schweren Stämmen. Zweitens, und das ist für uns der wichtigste Punkt, ist das auch eine Frage der Arbeitssicherheit. Der Holzeinschlag ist nach wie vor sehr gefährlich und endet immer wieder mit tragischen und zum Teil tödlichen Unfällen. Der Einsatz von Harvestern macht die Arbeit deutlich sicherer. Vor allem in Sturmflächen ist er nicht wegzudenken.

UND JETZT?

Jetzt wissen wir, wie es dem Wald geht (so mittel), was der Klimawandel mit dem Wald macht (eigentlich nur Schlechtes) und was der Wald gegen den Klimawandel ausrichten kann (nicht so viel, wie erhofft). Wir wissen, dass es mehr als ein paar Bäume nebeneinander für einen Wald braucht und dass der Wald ein hochkomplexes System ist. Gleichzeitig wissen wir, dass der Wald wesentlich mehr kann, als Holzbretter zu liefern oder zur Fotokulisse zu werden. Wir haben gelernt, welche Pflanzen und Tiere den Wald als Zuhause brauchen und wie sich der Wald für eine Zukunft mit dem Klimawandel entwickeln kann und muss.

Mit diesem Buch wollen wir zeigen, dass der Wald mindestens drei bedeutende Funktionen erfüllt, die wir berücksichtigen müssen. Die Bewirtschaftung der Wälder ist wichtig, wie die Arbeitsplätze, die daran hängen, oder die Holzprodukte, die wir alle konsumieren. Aber sie ist nicht wichtiger als die Schutzfunktion, die Erhaltung von Landschaften, Arten, Böden, Lebensräumen. Bei all diesen Faktoren ist unabdingbar, dass wir Menschen den Wald genießen können, ihn zur Erholung benötigen, damit wir ihn wertschätzen und auch für seine anderen Funktionen erhalten. Wir dürfen nie vergessen, dass wir den Wald brauchen.

Und da wir in einer unglaublich komplexen Welt leben, in der Menschen sich schon seit Jahrhunderten in die Natur einmischen, braucht der Wald auch uns. Wir haben den Klimawandel und den aktuellen Zustand des Waldes zu großen Teilen mitzuverantworten. Wir müssen den Wald schützen und gegen künftige Krisen wappnen.

Wald ist Lebensraum, Erholungsgebiet, Holzlieferant, aber vor allem: wunderschön.

LITERATUR UND WEITERER LESESTOFF

Falls du noch immer wissbegierig bist und noch nicht genug hast, schau doch mal auf unserer Website **www.forsterklaert.de** vorbei und folge uns auf Instagram, Facebook, YouTube und TikTok. Da findest du viel Fachwissen, verständlich und einfach erklärt.
Alternativ haben wir hier weiterführende Quellen, Bücher, Apps und Tipps, die wir dir ans Herz legen können. Das sind persönliche Empfehlungen, für die wir weder Geld bekommen noch Verantwortung übernehmen.

Mehr Waldfakten sind sehr übersichtlich auf der Website der ***Schutzgemeinschaft Deutscher Wald*** zusammengefasst (**www.sdw.de**).

Aktuelle Zahlen gibt es von der ***Bundeswaldinventur 4*** (**www.bundeswaldinventur.de**). Hier findest du schöne grafische Darstellungen.

Wenn du mehr über den Wald vor deiner Haustür wissen willst, bietet es sich an, sich mit dem ***Förster oder der Försterin vor Ort*** auszutauschen. Diesen findest du ganz leicht über die Internetseite der Forstbehörde deines Bundeslandes. Wenn du ein eigenes Stück Wald hast, beraten sie dich gerne zur Bewirtschaftung, aber auch bei Fragen nach Brennholz oder Wildfleisch helfen sie gerne weiter. Alternativ kannst du auch in die Apps ***Timbertom*** oder ***Waldfleisch*** schauen. Dort wirst du auch regional fündig.

Auch für deine alltäglichen Waldausflüge haben wir noch ein paar Empfehlungen für dich:
Wenn du mal wieder eine neue Ecke erkunden willst, lohnen sich Navigationsapps wie ***komoot*** oder ***AllTrails***.
Auch das aktuelle Wetter musst du natürlich im Blick haben. Unserer Erfahrung nach funktioniert der Regenradar von ***wetteronline*** sehr verlässlich. Seine Daten basieren auf dem Deutschen Wetterdienst. Wer nicht jedes Mal auf das Wetter schaut, bevor er nach draußen geht, sollte sich zumindest die Warn-App ***NINA*** holen. Sie informiert dich zuverlässig über Unwetterwarnungen.

Wenn du mit Kindern im Wald unterwegs bist, lohnt es sich, an einem waldpädagogischen Programm teilzunehmen. Anbieter dafür kannst du bei der SDW (**www.in-den-wald.de**) finden. Vor allem beim Thema Kinder ist Prävention und Vorsicht ein großes Thema. Damit ihr euch im Wald sicherfühlen könnt, kannst du zwei Dinge vorbereiten.
1. Installiere dir die App ***Hilfe im Wald***. Die hilft den Rettungskräften im Notfall bei der Orientierung, denn im Wald ist das oft etwas schwierig.
2. Speichere dir die Telefonnummer vom ***Giftnotruf*** ab. Die ist regional unterschiedlich und bei Kontakt mit Giftpflanzen kann jede Sekunde zählen.

Apropos giftig: Auch das Pilzesammeln im Wald erfreut sich immer größerer Beliebtheit. Unsere Message dazu ist, immer vorsichtig zu sein und vor allem auf seriöse Quellen zu achten. Eine gute Anlaufstelle ist da zum Beispiel die ***Deutsche Gesellschaft für Mykologie*** **(www.dgfm-ev.de)**. Diese bildet geprüfte Pilzsachverständige aus. Die führen Lehrwanderungen durch oder machen Korbschauungen und sagen dir, ob deine Pilze giftig sind.

Wenn du einfach nur aus Interesse die Arten bestimmen möchtest, reichen natürlich auch einfache Apps. Diese hier können wir dir empfehlen:

APPS

Pilze: Pilzator (Android), ***Pilz-Erkenner*** (iOS).
Pflanzen**: **Flora Incognita, PlantNet.
Tiere: ObsIdentify (Pilze, Pflanzen, Insekten, andere Tiere), ***Merlin Bird ID*** (Vogelstimmen), ***NABU Vogelwelt*** (Vögel), ***BirdNet*** (Vögel).

Solche Apps sind auf jeden Fall eine super Hilfe unterwegs, aber vor allem in der Natur ist es wichtig, die Ergebnisse immer kritisch zu hinterfragen. Die KI kann mittlerweile vieles, aber eben nicht alles.

Wenn du lieber klassisch mit Büchern arbeitest, können wir dir folgende Werke empfehlen.

BÜCHER

- ***Was blüht denn da?*** Kosmos Naturführer von R. Spohn, M. Spohn und M. Golte-Bechtle (einfach)
- ***Der BLV Pflanzenführer für unterwegs*** von T. Schauer und C. Caspari (einfach)
- ***Grundkurs Pflanzenbestimmung - Eine Praxisanleitung für Anfänger und Fortgeschrittene*** von Rita Lüder (einfach bis fortgeschritten)
- ***Knospen und andere Merkmale: Bebilderter Bestimmungsschlüssel für Laubgehölze im Winterzustand*** von K. J. Lang und G. Aas (fortgeschritten)
- ***Lexikon der Baum- und Straucharten: Das Standardwerk der Botanik*** von P. Schütt, H. J. Schuck und B. Stimm (fortgeschritten)
- ***Rothmaler - Exkursionsflora von Deutschland. Gefäßpflanzen: Grundband*** von F. Müller, C. M. Ritz, E. Welk und K. Wesche (Profi)
- ***Schmeil-Fitschen: Die Flora Deutschlands und angrenzender Länder***, hrsg. von Gerald Parolly und Jens G. Rohwer (Profi)
- ***Tierspuren Europas: Spuren und Zeichen bestimmen und interpretieren*** von Joscha Grolms (einfach)
- ***Beruf Forstwirt*** von Joachim Morat (vom Aufgabenbereich bis zum Werkzeug, alle Erklärungen zum Beruf)
- ***Allgemeine Geologie*** von J. Grotzinger, T. H. Jordan, F. Press und R. Siever (mehr über unsere schöne Erde, den Klimawandel und dessen Folgen)

Falls du dir nicht direkt eine Lektüre kaufen willst, können wir folgende Internetseiten empfehlen:

- **www.floraweb.de**
- **www.nabu-naturgucker-akademie.de**
- **www.deutschewildtierstiftung.de**

Hier findest du einsteigerfreundliche und übersichtliche Infos zu einzelnen Pflanzen- und Tierarten.

DANKSAGUNG

Forst erklärt ist aus einer schnellen Idee während des Studiums entstanden. Dass wir nur wenige Jahre später so weit gekommen sind, dass wir ein ganzes Buch schreiben, haben wir vielen, vielen Leuten zu verdanken. An erster Stelle steht aber unsere Redaktionsleitung Lea Merschformann, die dieses Buch erstellt hat und die sich nicht nur in kompletter Eigenarbeit dem Riesenprojekt Buchschreiben angenommen hat, sondern auch seit Stunde 0 als Redaktionsleitung, Verständnis-Checkerin, soziales Gewissen und wichtiger Gegenpol zur stereotypischen Forst-Bubble unser Projekt maßgeblich mitgeprägt und weiterentwickelt hat. Toll, dass wir dich im Team haben und sorry, dass wir für manche Korrekturen und Antworten so lange gebraucht haben. Das hier ist dein Buch.

Dann danken wir natürlich unserem Redaktionsteam, das wöchentlich gute Ideen für Artikel hat und diese umsetzt. Sie bilden das Rückgrat von *Forst erklärt*. Danke (in alphabetischer Reihenfolge) an Aaron Muschick, Franziska Richter, Gesa Modler, Liz Havermeier, Simon Delkeskamp, Tobias Bindick und Zoe Dorschel. Eure Artikel bilden die Basis für dieses Buch. Danke auch an unsere Gastautorinnen Ulrike Riedl und Nadine Röthig-Heß, die uns für dieses Buch Texte geliefert haben, wenn uns selbst die nötige Expertise fehlte.

Danke an Liz Havermeier, Tobias Bindick, Franziska Richter, Gesa Modler und Gesas Papa Harald Modler für die Fotos in diesem Buch. Wenn man Waldthemen erklären möchte, merkt man bald, wie wichtig es ist, von spezifischen Themen auch spezifische UND ästhetische Bilder zu haben. Das geht nur dank unseres aufmerksamen Fototeams, das bei fast allen Waldbesuchen immer die Kamera als zusätzliches Gepäck mitschleppt. Besonders danken wir Jasper Brennberger, der für uns zu den besten Wildtierfotografen Deutschlands gehört und uns mit seinen Fotos unterstützt. Schaut mal auf seinem Instagram vorbei @jasperbrennberger.

Es gibt viele Leute, die uns über die Jahre mit Hilfe und Expertise zur Seite standen, gerade als junge Generation im Forst sind wir auf erfahrene Experten und Expertinnen angewiesen. Es ist toll zu merken, dass wir mit unserem Projekt so einen Nerv getroffen haben, dass wir einen unglaublichen Support aus der gesamten Forstbranche erfahren. Fast überall wo wir hinkommen, stoßen wir auf hilfsbereite Menschen, die uns wie selbstverständlich durch ihre Reviere führen, ihre Forschungsergebnisse mit uns teilen, für uns spezifische Fragen recherchieren oder ihr Netzwerk für uns aktivieren. Wir können unmöglich alle aufzählen, ein paar Menschen wollen wir aber besonders hervorheben:

Prof. Dr. Justus Eberl, Charlotte Bieger und das ganze Team von KOMMA in RLP, Raphael Scheckel, Jan Müller und André Apel. Außerdem danken wir Dr. Sabine Ammer, Prof. Dr. Dominik Seidel und viele weitere Profs, Dozentinnen und Dozenten der Forstfakultäten und forstlichen Forschungsstätten in ganz Deutschland.

Außerdem wollen wir unserem Team an grandiosen Medienmenschen danken, ohne die *Forst erklärt* nicht so gut aussehen und professionell klingen würde und nicht so schick anklickbar wäre: Lukas Campen, Maren Mußenbrock und Clara Meyer zu Altenschildesche, Marcel Blank.

Der größte Dank gilt allerdings Hofhund Kurt, der auch in stressigen Phasen die Stimmung hochhält und Felix' Hund Deli, der uns nicht nur den letzten Nerv, sondern auch den Schinken vom Tisch geraubt hat.

Bis bald im Wald!
Jan Hüsing und Felix Sahlmann

Ihr findet uns im Internet unter:
www.forsterklaert.de
Auf Instagram, YouTube und TikTok unter @forsterklaert
Überall, wo es Podcasts gibt, mit unseren Podcast Formaten: „Wie man aus dem Wald ruft" und „Forstgelesen - Einschlafen im Wald mit *Forst erklärt*"
Und ganz bestimmt auch bald mit einem Vortrag in eurer Nähe. Infos dazu findet ihr unter **www.forsterklaert.de/live.**

Schreibt uns gerne unter:
redaktion@forsterklaert.de. Wir freuen uns!

GLOSSAR

ASTSIEGEL (S. 43, 44)
Astsiegel sind kleine und größere „Narben" an Bäumen. An dieser Stelle hatte der Baum früher einen Ast. Stirbt dieser und fällt ab, überwächst der Baum den „Stummel" mit Rinde und Holz und es entsteht eine Narbe – ein Astsiegel.

BESTAND (S. 36)
Wenn Förster*innen von ihrem Wald sprechen, sagen sie Bestand.

BOREAL (S. 23)
Die borealen Nadelwälder werden auch als Taiga bezeichnet. Dabei handelt es sich um Nadelwälder auf der Nordhalbkugel, die beispielsweise in Russland, Sibirien oder auch Kanada liegen.

BORKE (S. 94)
Die äußerste, tote Schicht der Rinde des Baumstamms, umgangssprachlich meist Rinde genannt.

FESTMETER/FM (S. 38)
Ein Raummaß für eine Menge fester Holzmasse. Ein Fm entspricht einem Kubikmeter Holzmasse, also der Holzmasse eines Würfels mit 1 m Kantenlänge. Anders als beim Raummeter sind hier keine Zwischenräume eingerechnet.

INDUSTRIEHOLZ (S. 40)
Industrieholz beschreibt Holz, dessen Qualität nicht gut genug ist, um gesägt zu werden. Es wird industriell aufgeschlossen. Beispielsweise werden Spanplatten oder Papier aus Industrieholz hergestellt.

KALAMITÄTSFLÄCHE (S. 40)
Fläche, die durch klimatische oder tierische Schädigungen abgestorben ist.

KULTURFLÜCHTER UND KULTURFOLGER(S. 51)
Die vom Menschen veränderte Natur nennt man Kulturlandschaft. Tiere und Pflanzen, die sich davon zurückziehen und deren Lebensraum dadurch kleiner wird, nennt man Kulturflüchter. Tiere und Pflanzen, die sich an diese neuen Bedingungen anpassen und sogar Vorteile aus ihnen ziehen, nennt man Kulturfolger, das ist z. B. der Fuchs.

NATURVERJÜNGUNG (S. 54)
Die natürliche Vermehrung von Bäumen durch die Samen der umliegenden Altbäume.

POLTER (S. 39, 167)
So nennen Förster*innen große Holzstapel. Bei der Holzernte werden die Bäume zunächst gefällt und dann von großen Forstmaschinen oder Treckern (in seltenen Fällen sogar mit Rückepferden) an die Forstwege gezogen. Dort werden die Stämme meist zu Poltern aufgestapelt und vermessen, bevor sie dann vom Lkw abgeholt werden, der das Holz zum Beispiel ins Sägewerk transportiert.

POPULATION (S. 51)
Die Gesamtzahl aller Individuen einer (Tier- oder Pflanzen-)Art an einem begrenzten Ort.

PRÄDATOR (S. 51)
Prädatoren sind Organismen, welche andere Organismen für die Nahrungsaufnahme nutzen und töten. Das Wort ist gleichzusetzen mit Räuber, Fressfeind und Beutegreifer. Der Wolf ist beispielsweise ein Prädator.

REINBESTAND (S. 80)
Ein Wald, der aus einer einzigen Baumart besteht, die in der Regel auch das gleiche Alter hat. Der Reinbestand wird auch oft als Plantage bezeichnet und umgangssprachlich Monokultur genannt.

RÜCKEGASSE (S. 36, 167, 168)
Rückegassen sind unbefestigte Wege im Wald, auf denen Maschinen fahren dürfen.

STANDORT (S. 24, 25, 26, 42, 81, 164)
Der Ort, an dem ein Wald (Bestand) wächst. Man nutzt diesen Begriff, wenn man die ökologische Geländesituation eines bestimmten Gebietes beschreibt.

VERBISS (S. 51, 52, 54, 82,)
Nennt man das Abbeißen und Fressen von Knospen, Trieben und Blättern von jungen Waldbäumen und Forstpflanzen durch Wildtiere.

IMPRESSUM

Bibliografische Information der Deutschen Bibliothek.

Die Deutsche Bibliothek verzeichnet diese Publikation in der Deutschen Nationalbibliografie. Detaillierte bibliografische Daten sind im Internet über http://www.dnb.de abrufbar.

Bei Fragen zur Produktsicherheit wenden Sie sich an:
Edition Michael Fischer GmbH
Kistlerhofstr. 70
81379 München
kontakt@emf-verlag.de

FSC
www.fsc.org
MIX
Papier | Fördert gute Waldnutzung
FSC® C145070

Cover, Layout & Satz: Michaela Zander
Produktmanagement und Lektorat: Hannah Bürkle
Redaktion: Lea Merschformann
Texte: Aaron Muschick, Felix Sahlmann, Franziska Richter, Gesa Modler, Jan Hüsing, Lea Merschformann, Liz Havermeier, Simon Delkeskamp, Tobias Bindick, Zoe Dorschel, Nadine Röthig-Hess und Ulrike Riedl, Lea Merschformann

Bildnachweis:
Corporate Design © Forst erklärt GmbH, Gestaltung: Maren Mußenbrock/redebedarf-kommunikation.de
Im Weiteren:
Umschlag: Fotos Pilz, Reh © Jasper Brennberger; Wald, Baumkulisse © Jan Hüsing; Eule, Wurzelwerk ©Tobias Bindick.
Fotos: © Jan Hüsing (S. 4, 6, 8, 10-16, 18 o, 19-22, 24, 29, 32-33, 36-44, 47, 49-50, 54, 60, 63, 68, 70 u, 71- 76 u, 78-85, 87-89, 94 re, 96-100 li, 101-103 li, 104-107 re, 109, 112 re, 115, 144, 146, 148, w150, 152-156, 158-160,-168, 173, 175); © Felix Sahlmann (S. 18 u, 56-57, 66, 92-93, 94 li, 95, 110-111); © Tobias Bindick (S. 25-26, 70 o, 76 o, 103 re, 108 li, 114, 116, 120-121, 127-128, 138, 163); © Jasper Brennberger (S. 52-53, 100 re, 117, 122, 124-126, 129, 132, 133 re, 134, 137, 165, 169); © Ulrike Riedl (S. 30); © Franziska Richter (S. 90-91); © Gesa Modler (S. 113 re); © Harald Modler (S. 140); © Nadine Röthig-Heß (S. 145); © Liz Havermeier (S. 161); © Niedersächsische Landesforsten (S. 166, 167); © Hanna Knutsson/Shutterstock.com (S. 23); © Jaroslav Machacek/Shutterstock.com (S. 35 u); © Irina Hodovanik/Shutterstock.com (S. 35 o); © Serhii Krot/Shutterstock.com (S. 46); © Radowitz/Shutterstock (S. 58); © Desintegrator/Shutterstock.com (S. 62); © Mabeline72/Shutterstock.com (S. 64); © Ground Picture/Shutterstock.com (S. 65); © Gunares/Shutterstock.com (S. 67 o); GenOMart/Shutterstock.com (S. 67 u); © Tjcz/Shutterstock.com (S. 76); © Ginny Sturdy/Shutterstock.com (S. 107 li); TerezaKt/Shutterstock.com (S. 108 re); © Orest lyzhechka/Shutterstock.com (S. 113 li), © WildMedia/Shutterstock.com (S. 130 li); © gergosz/Shutterstock.com (S. 130 re); © nomad-photo.eu/Shutterstock.com (S. 131 re), timotseus78/Shutterstock.com (S. 131 li); imageBROKER.com/Shutterstock.com (S. 133 li); © Wayne Tuckwell/Shutterstock.com (S. 135); © Kike.garcia85/Shutterstock.com (S. 136); © Piotr Krzeslak/Shutterstock.com (S. 139); © Tobias Arhelger/Shutterstock.com (S. 141); KPixMining/Shutterstock.com (S. 142); Zmrzlinar/Shutterstock.com (S. 149).

EIN BUCH DER EDITION MICHAEL FISCHER
1. Auflage 2026

ISBN 978-3-7459-3133-4
www.emf-verlag.de